JN098376

とてつもない数学

永野裕之

ダイヤモンド社

「もしも数学が美しくなかったら、
おそらく数学そのものが生まれてこなかったであろう。
人類の最大の天才たちをこの難解な学問に惹きつけるのに、
美の他にどんな力が有り得ようか」

——ピョートル・チャイコフスキー
（1840～1893）

はじめに

冒頭から恐縮だが、次の問題を考えてみてほしい。

【頭髪同数問題】

横浜市内に、髪の毛の本数がまったく同じ人は複数いるか?

(注:次の事実は知識として使ってよい。横浜市の人口は約350万人。髪の毛の本数は多くても15万本。)

パッと見て「髪の毛の本数なんて数えられそうもないから、そんなのわからないんじゃない？」と思う人もいれば、「まあ、いるんじゃないの」と考える人もいるだろう。

1日で抜ける髪の毛の量は100本近くになるらしいし、頭皮を拡大して見なければわからないような産毛のことも考えたら、「○○さんの髪の毛の本数は〜本です」と断定することは確かに難しい。遠目にはスキンヘッドに見えたとしても、産毛を数えたら0本ではない、ということもあるだろう。

また、具体的な本数を断定することは難しくても、350万人もの人の中には髪の毛の本数が同じ人がいても不思議はないという直観から「いるような気がする。でも確実じゃない……」と思う心理も理解できる。

しかし、数学を使えば、具体的に数えることの困難も、曖昧な直観も飛び越えて「**100%確実に、横浜市内には髪の毛の本数がまったく同じ人が複数いる**」と言い切ることができる。すなわち、**冒頭の問題の答は「いる」**である。

なぜ言い切れるのか？　それは数学の**鳩の巣原理**というものが保証してくれるからだ。

「鳩の巣原理」を、堅苦しく書けば「正の整数 n に対して、$n+1$ 個以上の『対象』を n

組に分けるとき、少なくとも1つの組は2個以上の『対象』を含む」となる。**なんだかものものしいが、実はこれは非常に単純なことを言っている。**

たとえば4羽の鳩に対して3個の鳩の巣があるとしよう。4羽の鳩が皆、巣に入ったとすると、2羽以上の鳩が入る巣が必ず1つはできる。鳩の巣原理とはこの当然のことを言っているに過ぎない。鳩の巣原理を使えば、「5人の中には同じ血液型の人がいる」や、「13人以上集まると、誕生月が同じ人がいる」なども100％確実であることがわかる。

冒頭の問題は、350万人を、それぞれの髪の毛の本数と同じ番号の部屋（部屋の扉に「0本」〜「15万本」の札が貼ってある）に入れることを考えればよい。

そうすれば（人数に対して部屋の数が圧倒的に足りないので）必ず2人以上が入る部屋（相部屋）ができる。言うまでもなく、相部屋になった部屋の人どうしは、髪の毛の本数が等しい。

……と書くと「いやいや、具体的な髪の毛の本数がわからなければ、そもそもどの部屋に入るべきかがわからないじゃん」と言われてしまいそうだ。確かにそうである。しかし、

【鳩の巣原理は単純】

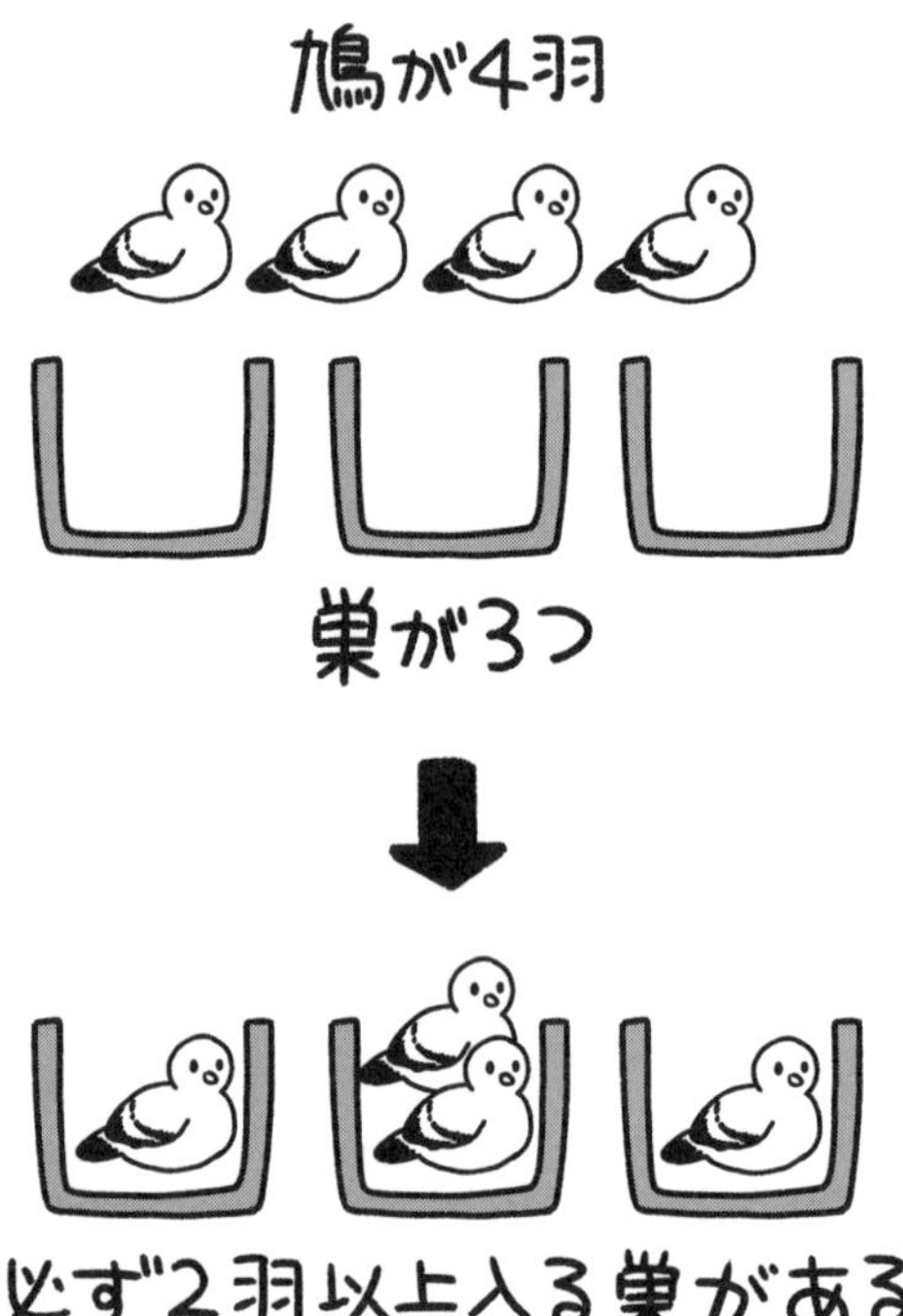
鳩が4羽
巣が3つ
必ず2羽以上入る巣がある

【いずれにしても相部屋ができる】

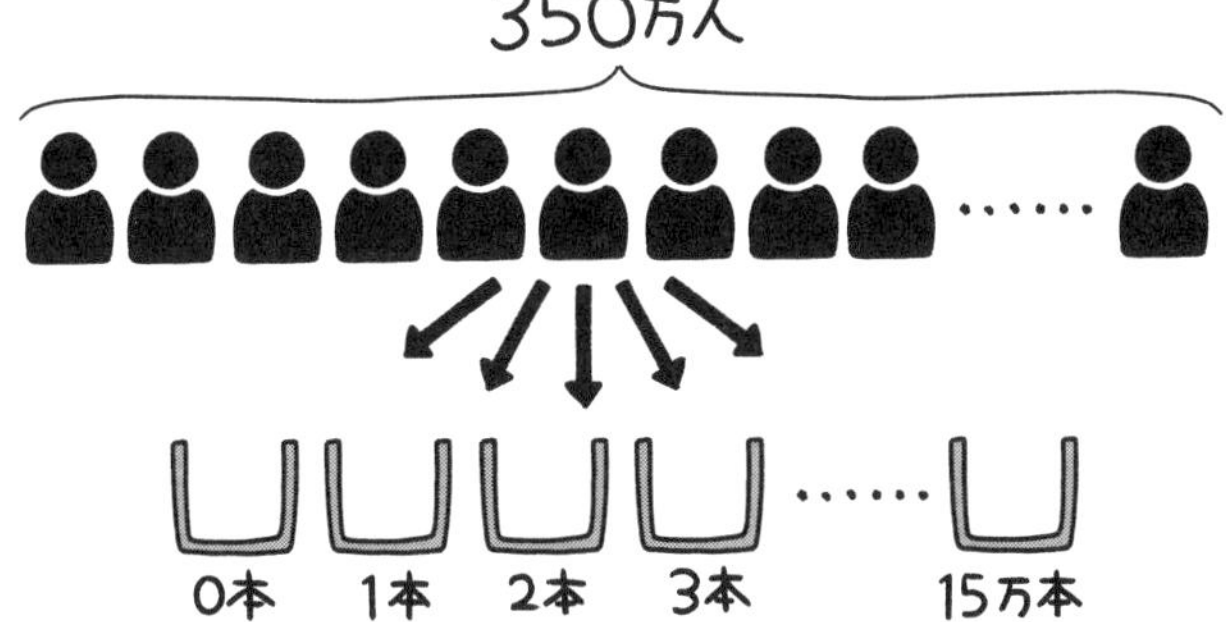

本人やまわりの人間には正確な本数がわからなくても、ある瞬間の**真の本数**（本当の髪の毛の本数）に等しい数が「0本」～「15万本」の中にあるのは確実であり、どの人もその真の本数と同じ数の札が貼ってある部屋に入ると考えてほしい（全知全能の神が正しい部屋に入れてくれることを想像してもらってもいいかもしれない）。いずれにしても、相部屋ができることは間違いない。

鳩の巣原理の内容は、拍子抜けするほど単純だが、東大、京大、早稲田、慶応といった難関大の入試や数学オリンピック等で出題される問題が、この原理によって解決することは珍しくない。

数学はこんなクイズのような問題もたちどころに解決してしまう一方で、国家戦略や企業判断にも積極的に利用されている。

コンピュータの発展と機械学習（人間の行う学習と同等の「学習」をコンピュータに行わせようとするテクノロジー）によって、あらゆるもの――人の好みや感情さえも――が数値化されるようになった。そうして集められた「ビッグデータ」を数学的（＝統計的）に解析することによって得られる予測と判断が、国家や企業の命運を決する重要な局面で利用されている。

数学が与えてくれる**問題解決能力**や**合理的な思考力・判断力**が活かせるシーンは、国家戦略から「頭髪同数問題」に至るまで、きわめて多彩である。こんなに間口の広い学問が他にあるだろうか。

数学は、宇宙の法則を表す「言語」としての役割も持っている。一見複雑に見える科学の法則が、**たった1行の数式で簡潔にかつ完璧に表されてしまう**。実験結果を数学的に分析するという手法を初めて編み出したイタリアの**ガリレオ・ガリレイ**（1564〜1642）は**「宇宙は数学という言語で書かれている」**と言った。神が宇宙を記述するために選んだ言葉が数学であることは間違いないだろう。

昭和を代表する数学者の一人である**岡潔**（1901〜1978）は**「数学というのは闇を照らす光なのであって、白昼にはいらないのですが、こういう世相には大いに必要になるのです」**と書いている。確かに数学は、時代が変革を求めれば求めるほど必要とされる。過去の慣習や先人の教えの通りでは通用しなくなったとき、数学がもたらす絶対の「正しさ」は何よりの拠り所になるからだ。

実際、古代エジプトや古代ギリシャの時代から、**数学は常に世界に変化を与えてき**

た。歴史を変え、人々の認識を変え、何度も新しい時代を切り拓いてきたのだ。

そうした数学の歴史をひも解いていくと、そこには有り余る才能のために「落ちこぼれ」ならぬ「浮きこぼれ」となり、同時代を生きる周囲の人間からは**奇人・変人**との評価を受けてしまう多くの**数学者**の姿も見えてくる。**彼らは天才であるがゆえに、凡人には意味もその存在すらも見えない深遠なる課題を発見する。**そして血のにじむような努力と天性のきらめきによってそれらを克服し、真理を産み落とす。彼らについて知れば、数学は人類が脈々と受け継いできた「叡智（えいち）の結晶」であることがわかるだけでなく、クールな数式の裏に隠された熱いドラマにも胸を打たれることだろう。

数学は理性にばかりではなく、感性にも訴える。

自然であれ、芸術であれ、我々が純粋に**美しいと感じるものには数学的な裏付けがある**ことが少なくない。数学は感動の根拠を与えると言ってもいいと思う。事実、黄金比や音階（ドレミファソラシド）などに代表される絵画・彫刻・建築・音楽の基礎は数学が与えたものである。

そもそも数学はそれ自体が美しい。

「白鳥の湖」や「くるみ割り人形」などの作曲家として知られるロシアの**ピョートル・チャイコフスキー**は「**もしも数学が美しくなかったら、おそらく数学そのものが生まれてこなかったであろう。人類の最大の天才たちをこの難解な学問に惹きつけるのに、美の他にどんな力が有り得ようか**」と言った。まさにその通りだと私も思う。

本書は、こうした**数学のとてつもない価値と魅力をできるだけ豊かに**、そして**できるだけ多角的に**お伝えしようという本である。章は6つに分かれていて、章ごとにそれぞれ次のようなテーマを設けた。

1章　**とてつもない数式**——数で世界のすべてを記述する
2章　**とてつもない天才数学者たち**——奇人・変人たちが抽象思考の極北に挑む
3章　**とてつもない芸術性**——感性に訴える数学の「美」
4章　**とてつもない便利さ**——現代社会のテクノロジーを支える

5章　**とてつもない影響力**——世界史は数学とともに発展した
6章　**とてつもない計算**——インド式、便利な暗算、数学パズル

ここで、簡単に自己紹介をさせていただこうと思う。

私は東京大学の理学部地球惑星物理学科を卒業し、大学院生として宇宙科学研究所（現ＪＡＸＡ）に進んだ。思うところあって大学院は中退し、将来を模索する中、レストラン経営に参加したりもしたが、結局はかねてからの憧れであったクラシックの指揮者を目指した。ウィーンに留学後しばらくは指揮者として生計を立てていたものの、結婚をして子どもが生まれたのを機に永野数学塾という個別指導塾を立ち上げ、幅広い年齢層の方々に数学を個別指導している。

これまでいろいろな経験をさせてもらったが、何をしていても「数学」という幹から離れたことはなかったと思っている。

物理学においては、数式はどんな言葉よりも雄弁であることを知り、**宇宙の真理が数**

学的な合理性を決して裏切らないことに驚いた。経営においては、**集めたデータをもとに行う数学的判断の重み**を知った。**音楽の美しさを裏付ける合理性は、そのまま数学における合理性に通じることも発見**した。そして、今は個別指導と執筆活動を通して数学の意味と意義を伝えることをライフワークにしている。

本書に収められた1つ1つのエピソードはすべて独立しているので、目次を見て興味の赴くままに、好きなところから読んでもらって構わない。ぜひ気軽に頁を開いてみてほしい。

音楽の楽しみ方や料理の味わい方に決まりがないのと同じように、数学の楽しみ方にも決まりはない。**どんなジャンルでも、どんな方向から切り込んでも、とてつもない魅力を放つ。それが数学である。**数学にはそれだけの懐の深さがある。

永野裕之

とてつもない数学　目次

1章 とてつもない数式

2章 とてつもない天才数学者たち

3章 とてつもない芸術性

4章 とてつもない便利さ

5章 とてつもない影響力

6章 とてつもない計算

1章
とてつもない数式

負の数は数学界のパラダイム・シフト

カラスやハチも数を数える？

19世紀にドイツで活躍した数学者の**クロネッカー**（1823〜1891）は「整数は神が作ったものだが、他のすべての数は人間が作ったものである」と語った。

実際、1、2、3、……ともの を数えることは、人間だけでなく、他の動物もできるという研究結果が次々と発表されている。

ドイツのテュービンゲン大学における研究では、**カラスが、いわゆる「時間差見本合わせ課題」をクリアできる**ことが明らかになった。「時間差見本合わせ課題」とは、パソコンの画面で2枚の画像を数秒間隔の時間差で見せて、2枚目の画像に書かれた点の数が1枚目と同じ場合、画面をつつくとエサがもらえるというものである。この課題をカラスに繰り返し行わせると、そのうちに課題の趣旨を理解し、点の数が同じ場合にだけ画面をつつくようになったらしい。

さらに、オーストラリアのクイーンズランド大学からは、**ハチも数を数えられる**という報告がある。トンネルの中にいくつかの線を引き、たとえばその3番目に花の蜜を置いておいて、ハチに何度かこのトンネルを通過させたあと、蜜は無く、線だけが描かれたトンネルを通過させると、ハチは3番目の線の付近を集中的にウロウロするのだとか。

ただし、これでは入り口からの距離で判断しているという可能性もあるので、線と線の間隔を変えたトンネルも通過させたところ、やはり3番目の線の付近で同じ挙動を見せるというから面白い。

他にもたとえば、ホトトギスはウグイスの巣に自分の卵をこっそり入れておいて、ウグイスに卵を温めさせる（これを托卵（たくらん）という）が、その際、自分の卵と同じ数だけウグイスの卵を除ける。

これに対し、たとえば分数は「1をn等分したときの1つを$\frac{1}{n}$とする」というような**「共通の概念」**がなければ理解することができない。小数や0も共通概念の導入によって初めて成立し得る数だ。

「偽物」と呼ばれた数

数学の入り口で、中学1年生の春に習う**負の数**も、人類が発明した「新しい数」の1つである。負の数は0よりも小さい数のことで、遅くとも2世紀までに書かれた中国の数学書や7世紀の前半に書かれたインドの数学書の中には、負の数の演算に関する記載が見つかっている。

特にインドでは、7世紀の間に商人たちも、「10万円の借金」を「マイナス10万円の利益」のように表すようになり、負の数は広く使われていた。

一方、ヨーロッパの数学者たちが負の数を受け入れるようになるのは、17世紀以降のことだ。「我思う、ゆえに我あり」で有名なかの**デカルト**（1596～1650）は、方程式から得られる負の解を「偽物の解」と呼んでいた。

その後18世紀に入っても、多くの数学者にとって負の数はすんなり理解できるものではなかったようである。

【オイラーの誤解】

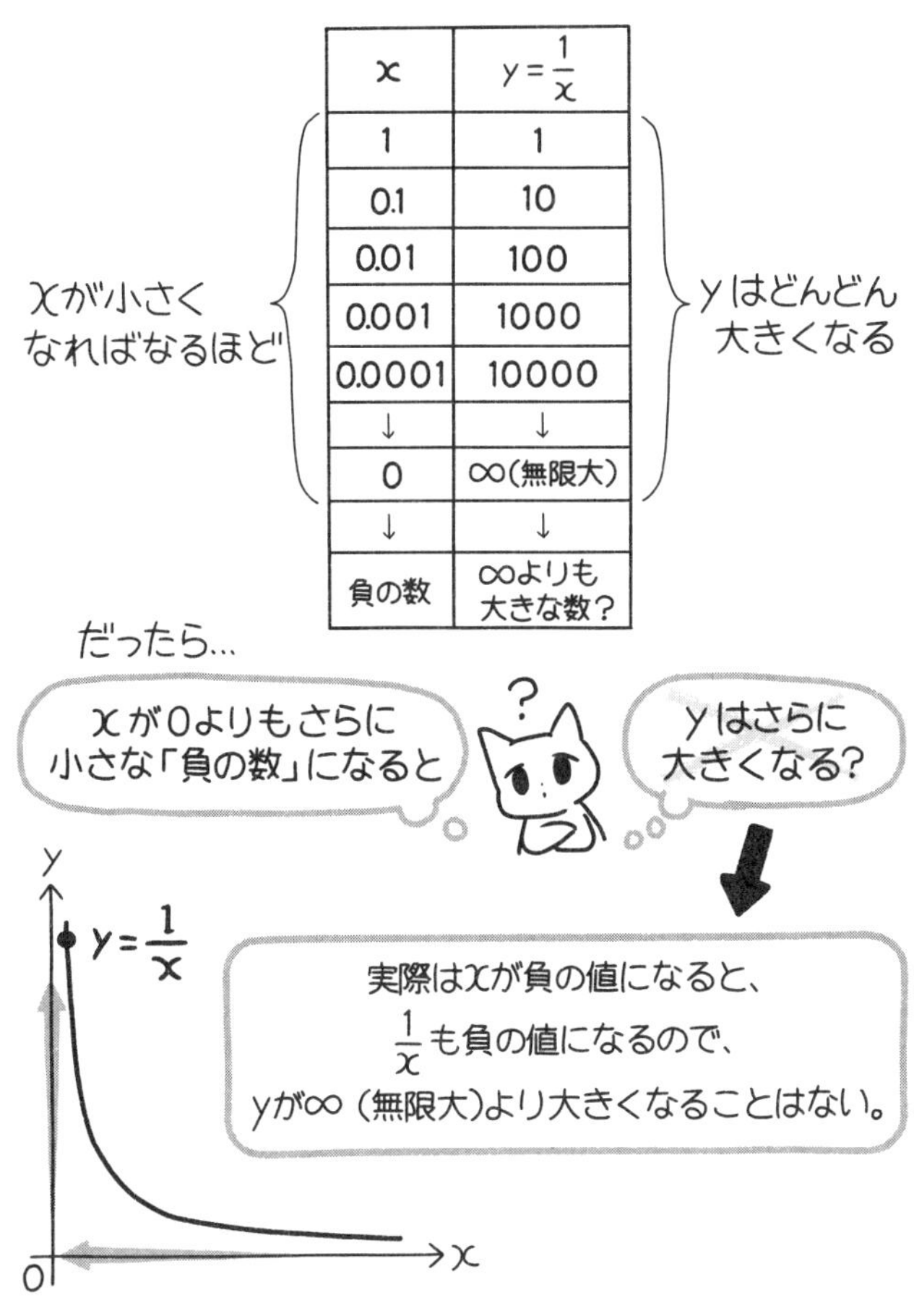
xが小さく
なればなるほど
yはどんどん
大きくなる
だったら…
xが0よりもさらに
小さな「負の数」になると
?
yはさらに
大きくなる?
$y=\frac{1}{x}$
実際はxが負の値になると、
$\frac{1}{x}$ も負の値になるので、
yが∞（無限大）より大きくなることはない。
y
x
0

x	$y=\frac{1}{x}$
1	1
0.1	10
0.01	100
0.001	1000
0.0001	10000
↓	↓
0	∞（無限大）
↓	↓
負の数	∞よりも大きな数？

「人が息をするように、鳥が空を飛ぶように計算する」と言われた**天才レオンハルト・オイラー**（１７０７〜１７８３）ですら、「$\frac{1}{x}$の計算において、xを（正の方向から）０に向けて小さくすればするほど、$\frac{1}{x}$の値は限りなく大きくなる。『負の数』は『０より小さい数』なのだから、xが負の値になるとき、$\frac{1}{x}$の値は無限大よりさらに大きくなるはずだ」と「誤解」していたことが知られている。

マイナス３個のパンを想像できますか？

なぜ、西欧の数学者たちは負の数をまともな数として取り入れることに強い抵抗を示したり、負の数が関連する計算を誤解したりしたのだろうか？

それは**負の数が直観的にはイメージしづらい数**だからだ。言わずもがな、目の前に「マイナス３個のパン」を示すことはできない。イメージできないものを受け入れることは難しい。

でも、負の数を導入すれば、反対の意味の事柄を１つの概念の中で捉えることができる。

たとえばある月に３００万円の利益と１００万円の損失があったとしよう。負の数を使う

【正反対の概念を1つの概念の中で考える】

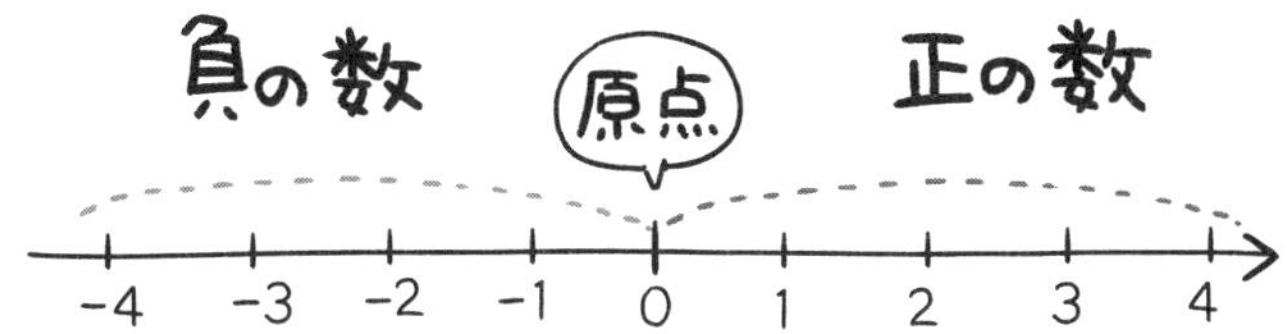

負の数の登場によって、0(原点)は
やじろべえの支点のような存在になった。

ことが許されないと、利益と損失という2つの概念を考えなくてはならないので、月ごとに損益が逆転するような場合には計算が煩雑になってしまう。

しかし、100万円の損失を「マイナス100万円の利益」と表せるのであれば、損益分岐点を原点とする1本の数直線の中で売上や損益が議論できる。このように、**正反対の概念を1つの概念の中で考えられる**のは負の数を使う大きな利点である。

負の数が登場したことによって、「0」が数直線上の端の点ではなく、中央の点になったことにも大きな意味がある。これにより、「0」は単に**無**（nothing）というだけでなく、正の数と負の数が同じだけ存在している状態、すなわち**均衡**（balance）を表しているとも考えられるようになったからだ。

人工衛星と2人の力士

たとえば、地球のまわりを回る人工衛星が地球に対して静止していられるのは、人工衛星に力が働いていないからではなく、人工衛星に働く万有引力と遠心力がつり合っているからだ。

また原子が電気的に中性であるのも、原子核の中の陽子が持つ正の電荷量とそのまわりを回る電子が持つ負の電荷量が同じだからであり、この**バランスが崩れると陽イオンや陰イオンが生まれる**。

相撲で、2人の力士が土俵中央でがっぷり四つに組んで、動かなくなってしまうことがある。あれはもちろん、取り組みの最中に休んでいるわけではなく、それぞれの力士が反対方向にほぼ同じ力をかけているからこそ「静止」しているように見えるに過ぎない。同じ大きさの力をかけているのに、何も力が働いていないのと同じ状態になるのは、互いに逆方向の力を合わせることは、正と負の足し算になるからである。

負の数を通じて「0」を「中央の数」と捉えるようになれば、一見何も起きていないように見える現象の中に、正反対の2つの力が釣り合っている可能性を考えられるようになる。それは均衡による「0」が何かのきっかけで崩れ得ることへの備えにも繋がるだろう。実際、がっぷり四つに組んでいた力士が次の瞬間、一気に寄り切られてしまうというシーンは決して珍しくない。

ノイズキャンセリングの技術は「負の数」のおかげ

人間関係も同じではないだろうか。ある夫婦が穏やかで波風の立たない関係を築いているとしよう。そこにはお互いを思いやる愛情のバランスがあるはずだ。平和な時間をパートナーがくれる「無償の愛」の賜物（たまもの）だと過信して思いやりを失えば、穏やかな人間関係はやがて失われるかもしれない……。

物事を、実体だけでなく、概念を通しても見ることができれば、思考は大きく飛躍する。**概念を生み出し概念を深めることによって、私たちは世界をより理解することができるのだ。**実のところ、負の数をもってしか記述できないこと、考察できないことは、自然科学は言うに及ばず、経済学、社会学などの学問全般と、我々の生活全般に広く根付いている。

たとえば、昨今話題のノイズキャンセリングのヘッドホン。あれは、外部マイクから取り込んだ音と鼓膜を揺らす振幅の正負がちょうど逆となる音を発生させることで、無音に近い静かな状態を作りだしている。だからこそ単に外の音をシャットアウトするだけの

「防音」とは次元の違う静けさを味わえる。

地下鉄の構内や工事現場の近くでも音楽を味わえるノイズキャンセリングのヘッドホンは、負の数という概念のおかげで到達できたテクノロジーの1つである。

人間の手による負の数の発明は、その影響力の大きさから、数学界に起きた最大のパラダイム・シフトだったと言っても過言ではないだろう。

1兆という「量」を想像できますか？

1日あたりに離婚する人数の求め方

厚生労働省の「人口動態統計の年間推計」によると、平成30年（2018年）の離婚件数は**20万7000組**と推計されるそうだ。さてこの数字、あなたはどのように感じるだろうか？「まあ、こんなものかな」「やっぱり多いな〜」「思ったより少ないな〜」などいろいろな感想があることだろう。

では、同窓会で久しぶりにあった高校の友人に「実は俺、バツ3（離婚を3回経験）なんだよね」と聞かされた場合はどうだろう？おそらくこちらの場合の「3」という数字については、自分や他の友人や親戚と比べても、生涯未婚率の高まりが社会問題になっていることを考えても、たいてい「多い」という評価になるのではないか。

「3」については評価がほぼ定まるのに対し、「20万7000」に対してはいろいろな反応があるのは、「20万7000」の大きさを実感するのが難しいからだと私は思う。

こうしたとき、よく使われるのが「1日あたり〜」という言い回しである。20万7000（組）を365（日）で割ってみると、2018年は**1日あたり約567組**が離婚したことになる。これを24（時間）で割れば**1時間あたり約24組**、さらに60（分）で割れば、**1分あたり約0・4組**が離婚したこともわかる。日本全国ではおよそ**2分半に1組が離婚**しているわけだ。「20万7000組」ではボンヤリとした印象だったとしても、「2分半に1組」と聞けば、今度はその数の規模が現実的にイメージできる人は多いと思う。

「1兆」をさまざまな方法でイメージする

一般に、数が大きくなると、その大きさを実感するのは難しくなる。

たとえば、1兆。あなたは「1兆」の大きさを正しくイメージできるだろうか？「兆」という単位は国家予算（日本の一般会計予算は約100兆円）とか、細胞の数（ヒトの体の細胞は約60兆個）とかで見ることがあるだけで、普段はほとんど使わないだろう。いわんや「〇兆個」のものを目にする機会は滅多にない。私たちが「兆」のスケールを実感できないのは無理もないのだ。

1つの目安として、「1、2、3、……」と1兆まで数えるとどれくらいの時間がかかるかを概算してみよう。1時間は3600秒で1日が24時間なので、1日は約9万秒。1秒につき1ずつ数えたとして（桁が増えてくると追いつかなくなるが）、概算なのでざっくり1日あたり10万までは数えられることにすると、1年では3650万まで数えられる。3年で約1億。1兆は1億の1万倍だから……**1兆まで数えるとおよそ3万年かかる**計算になる。ちなみに**今から3万年前というと、ネアンデルタール人が絶滅した頃**である。こう言われると、そんなにかかるのか！と驚かれる方も多いのではないか。

今から1兆秒前というのは、ネアンデルタール人が絶滅した頃である、という**意味**がついてはじめて、1兆がとてつもなく大きな数であることを実感する人が少なくないように、ぼやけた印象になりがちな大きな数字も、意味を添えてあげればイメージがしやすくなる。そして、数字に意味をつけたいときにうってつけなのが、先ほども使った「〜あたり……」という**単位量あたりの大きさ**である。

「1兆」にも単位量あたりの大きさを使って、いくつか意味をつけてみたいと思う。

たとえば、1兆メートルを地球の1周あたりの長さ（約4000万メートル）で割ってみると、**1兆メートルはおよそ地球2万5000周分**であることがわかる。

次に、1兆メートルを地球から太陽までの距離で割ってみよう。地球から太陽までの距離のことを1天文単位といい、1天文単位は約1500億メートルなので、**1兆メートルは地球から太陽までの距離の約6・7倍**である。

さらに、1兆回を人の生涯あたりの心臓の鼓動の回数で割ってみる。一般的に哺乳類は生涯で約20億回鼓動を打つそうだが、人生100年時代を迎えつつある我が国では生涯に打つ鼓動の回数は平均30億回程度と言われている。つまり、**1兆回は人が生涯に打つ鼓動の約333人分**である。

スティーブ・ジョブズは単位量の達人

こうした単位量あたりの大きさを使った数字の意味付けは、他人を説得する際には欠かせない。

プレゼンの達人を1人挙げなさいというアンケートがあれば、2011年に亡くなったスティーブ・ジョブズ氏は、今でも圧倒的多数の支持を得て1位になることだろう。アップル社の製品を魅力的に紹介したジョブズ氏のプレゼンはさまざまな切り口で分析されているが、どのようなときも必ず指摘されるのが、数字の使い方の上手さである。

2008年の「マックワールド」（アップル製品の発表や展示が行われるイベント）で、ジョブズ氏は初代iPhoneが発売から200日間で400万台売れたことを紹介した。この「400万」という数字は確かにすごい数字だ。ただ大きすぎて印象がぼやけるのも事実。そこでジョブズ氏はすぐあとに「これは毎日2万台のiPhoneが売れている計算になる」と続けた。**「1日あたり2万台」**という単位量あたりの大きさを使うことで、数字の持つ意味を一瞬にして聴衆に理解させたのである。このときの様子はしばしば紹介されるので、ご存知の読者も多いことだろう。

2001年に発表された初代ipod（音楽プレーヤー）は、185グラムという軽量ボディの中に5GB（ギガバイト）の容量があることが売りだった。B（バイト）というのはデータの容量を表す単位であるが、5GBがどれほどの容量かがすぐに分かる人は少ないだろう。そこでジョブズは、ポップス**1曲あたりの容量は約5MB（メガバイト）**であることと、G（ギガ＝10億倍）

は、M（メガ＝100万倍）の1000倍であることから、プレゼンでは**「1000曲をポケットに」**と表現した。「5GBを185グラムに」より圧倒的にわかりやすい。

数に強い人の3つの条件

大きな数字をイメージしやすくするために、**全体を小さな数字に縮小してしまう**という手法もよく使われる。

財務省がYouTubeの公式チャンネルで公開している「日本の財政を家計に例えると、借金はいくら？」もその典型である。そこでは、国の1年間の歳入が59・1兆円であり、国債費を除く歳出が74・4兆円、国債費が23・3兆円、公債残高が883兆円であることなどを、月収30万円（手取り）の家計に例えて、月々の生活費が38万円、借金返済が元金分と利息分を合わせて12万円、ローンの残高が5379万円ある状態だと説明している。

太陽系の大きさを実感するために、太陽を東京ドーム（直径約200メートル）の大きさに縮めてみるのもいいだろう。そうすると地球の直径は長身の男性程度（約180センチメートル）だ。また、太陽が東京ドーム（東京の水道橋）にあるとすれば、地球は東京都

【太陽を東京ドームの大きさに縮めると……】

の小金井市にある東小金井駅と武蔵小金井駅の中間くらい（約21キロメートル）の位置にある。

同じ縮尺で考えると、太陽系最大の惑星である木星の直径は7階建てのビルくらい（約20メートル）であり、場所は山梨県の甲斐市にある中央本線竜王駅のあたり（約111キロメートル）。

同じく、最も遠い惑星である海王星の直径はマイクロバスくらい（約7メートル）で、場所は山陽新幹線の広島駅に少し届かないくらい（約673キロメートル）である。

2001年にチェーンメールとして世界中に広まり、日本でも書籍やテレビ番組になるなど一大ブームになった「世界がもし100人の村だったら」もやはり、大きな全体を小さく縮小したが故のわかりやすさがあった。具体的な内容はネット上で簡単に検索できるので、興味のある方はぜひ調べてみてほしい。

数に強いとは、

① 数字を比べることができる
② 数字を作ることができる
③ 数字の意味を知っている

の3つの条件を満たすことである。単位量あたりの大きさを使ったり、全体を小さな数字に縮小したりといった手法を自分のものにすることは、①や②の資質に直結するだけでなく、③の素養を深めることにも繋がる。そうなればあなたは誰からも「数に強い人」だと認められるだろう。

累乗は爆発的に増加する

秀吉を慌てさせた計算

戦国時代の武将豊臣秀吉は非常に頭の切れる人物であったが、読み書きはあまり得意でなかったため、経験談や学問についての話を聞かせてくれる「御伽衆（おとぎしゅう）」と呼ばれる家臣が多くいた。その中の1人である曽呂利新左衛門（そろりしんざえもん）は、刀の鞘（さや）を作る名職人である一方で、落語家の始祖とも言われ、とんちの効いたエピソードをいろいろ残している。

秀吉はある日、新左衛門を褒めて褒美をとらせることにした。何がいいかと尋ねられた新左衛門は少し考えてから「初日は米1粒、2日目は2粒、3日目は4粒、4日目は8粒というふうに、1粒から始めて、1ヶ月間、前日の倍の数の米粒をください」と申し出た。これを聞いた秀吉は「なんだそんなものでよいのか」と安請け合いをする。ところが日を

【とてつもなく増える米粒】

日数	米粒の数	参考
1	1	
2	2	
3	4	
4	8	
5	16	
6	32	1g ≒ 43 粒
7	64	
8	128	
9	256	
10	512	
11	1,024	
12	2,048	お茶碗 1 杯（約 0.4 合）≒ 2,600粒
13	4,096	
14	8,192	1合（150g）≒ 6,500粒
15	16,384	
16	32,768	
17	65,536	
18	131,072	3kg ≒ 130,000粒
19	262,144	
20	524,288	
21	1,048,576	
22	2,097,152	1俵 ≒ 2,600,000粒
23	4,194,304	
24	8,388,608	
25	16,777,216	
26	33,554,432	
27	67,108,864	
28	134,217,728	
29	268,435,456	
30	536,870,912	200俵 ≒ 520,000,000粒

追うごとにとんでもない約束をしてしまったと秀吉は困り果てることになった。

実は、新左衛門の申し出通りに米粒を与えると、2週間経ってもようやく8192粒で1合(約6500粒)を少し超える程度にしかならないが、1ヶ月後にはなんと5億3000万粒余りとなって、およそ200俵もの米を与えなくてはいけない。1俵は約60キログラムだから、200俵(12トン!)というのはとてつもない量だ。途中でこのことに気づいた秀吉は慌てて別の褒美に変えてもらったとか。

新聞紙を42回折ると……

「2×2×2」のように同じ数を繰り返し掛けることを**累乗**といい、累乗は掛け合わせる回数が増えると**途中から爆発的に変化する**ことがわかっている。

たとえば、新聞紙を折ったときの厚さを計算してみよう。新聞紙の厚さを0・1ミリメートルとすると、n回折り曲げたときの厚さは0.1 × 2^n(ミリメートル)となる。これにあてはめて計算すると、10回折ったときの厚さは10センチメートル程度で、14回で成人女性の平均身長を少し超えるくらい(約164センチメートル)だ。

さあ、この後が急激となる。30回で東京〜熱海間の距離程度に到達し（約107キロメートル）、驚くことにわずか42回で月までの距離（約38万キロメートル）を超える！　もちろん、実際に紙を折る時には外側の紙が伸びる長さに限界があるので、こんなにたくさん折ることはできない。しかし累乗が途中から爆発的に大きくなるイメージはつかめるのではないだろうか？

単利と複利は大違い

同じ数の繰り返しの掛け算を拡張したのが、高校で学ぶ**指数関数**だ。指数関数は私たちの生活に最も密着した関数とも言われる。中でも最も身近なのは利息計算における**複利法**だろう。

複利法とは「一定期間の利息を元金に加え、その元利合計を次の期間の新元金として利息を計算する方法」のことだ。これに対し、単利法というのは「前期間の利息を元金に繰り込まず、元金に対してだけ利息を計算する方法」のことをいう。

最初の年に預けた元金が100万円で年利（1年ごとの利息）が10%だとすると、単利

法でも複利法でも、1年後の元利合計は

１００万円＋１００万円×10％＝１１０万円

だが、2年後以降は異なる。複利法の場合、1年後の元利合計１１０万円全体に対して10％の利息がつくので、2年後の元利合計は

１１０万円＋**１１０万円**×10％＝１２１万円

だが、単利法の方は最初の元金に対してしか利息がつかないので、2年後の元利合計は

１１０万円＋**１００万円**×10％＝１２０万円

だ。「なんだ、たった1万円しか違わないのか」と思われるかもしれない。しかし、これを何年か続けていくとその差は歴然だ。

【複利と単利の比較】

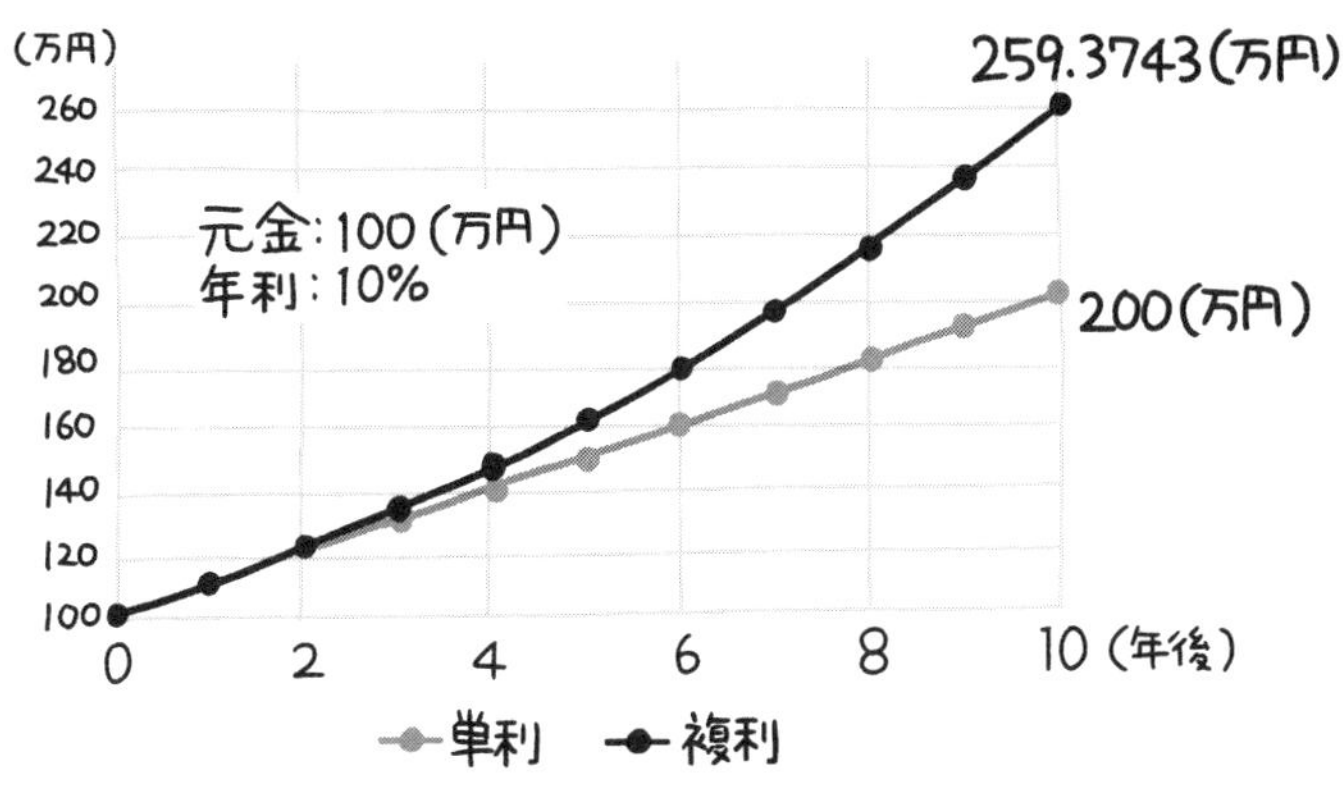

上のグラフは元金100万円、年利10%で10年預けた場合の、複利と単利の比較となる。最初の数年こそほとんど変わらないが、10年後には約60万円もの差がついてしまう。複利の方は最初の100万円に1・1を繰り返し掛ける累乗になっているのに対して、単利の方は、最初の100万円に10万円を繰り返し足していくだけになっているからだ。

もっとも、現在(令和2年)は超低金利時代なので、銀行預金の利息はどんなに高くても年利0・3%程度だろう(ネット銀行の定期預金)。この場合、元金100万円で10年預けても、複利の場合は１０３万４０８円、単利の場合は１０３万円なので、わずか４０８円しか差がつかない。

人口は等比数列的に増加する

累乗を拡張した指数関数を使うと、複利計算の他にも社会現象、自然現象の多くを記述することができる。

18世紀の終わりから、19世紀初頭にかけて活躍したイギリスの経済学者であり、牧師でもあった**マルサス**（１７６６～１８３４）は『人口論』の中で、**「今後、人口は等比数列的に増加するのに対し、食糧は等差数列的にしか増えないので、やがて食料難になるだろう」**と予測した。

ここでいう「等比数列的に増加」というのは、たとえば「1、3、9、27、……」のように、最初の数に同じ数を繰り返し掛けていくことを意味する。その増え方は累乗の増え方であり、その場合の人口は指数関数で表される。

一方、作物を育てたり、家畜を飼ったりするための土地や資源には限りがあるため、食

【マルサスの『人口論』】

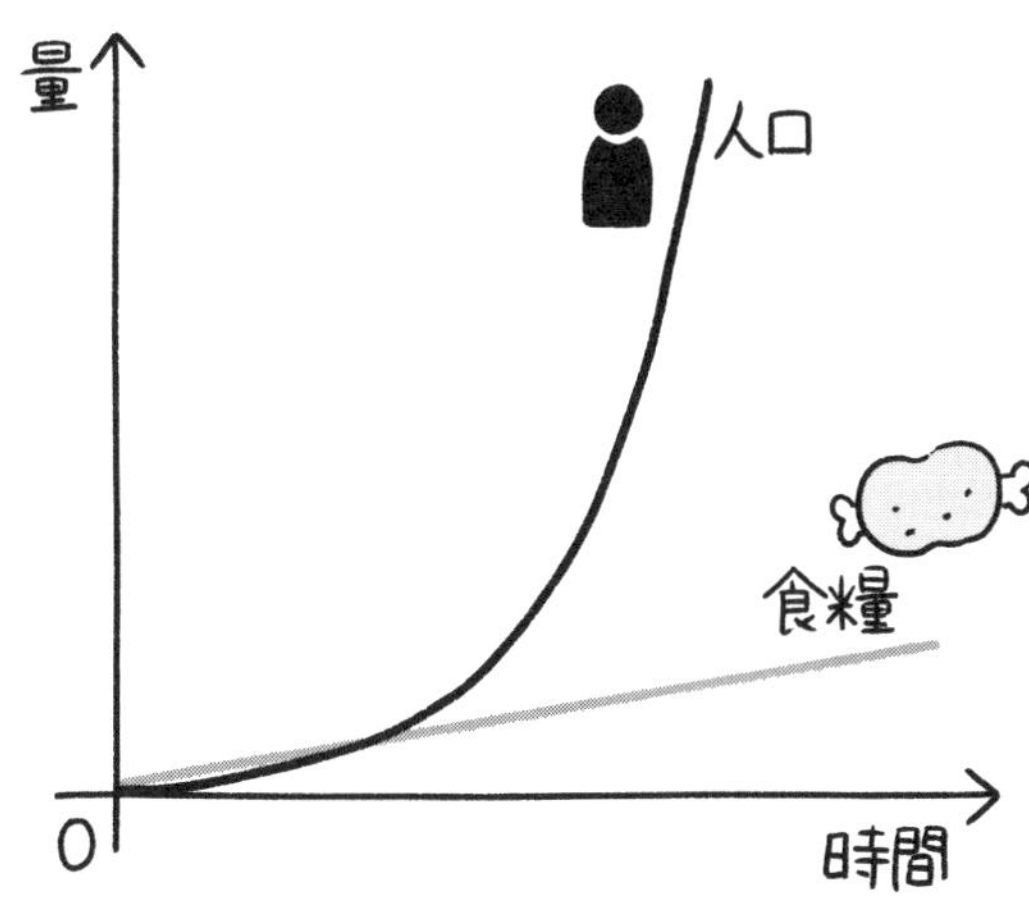

料は人口のように（指数関数的に）増えることはなく、理想的に増えたとしても「1、4、7、10、……」と最初の数に同じ数を繰り返し足していく「等差数列」的にしか増えないであろうとマルサスは考えた。この場合、食糧の量は1次関数（直線）で表される。

実際、世界人口の変遷を見ると、19世紀の末からは**「人口爆発」**と呼べるほどのスピードで急増している。1800年に約10億人だった世界人口は、その後の100年で16億人に達したあと、1950年には25億人、2000年には61億人にまで増えた。2015年は約73億人であり、2056年には

100億人に達するという試算もある。

一方、我が国では2007年以降、人口は減少の一途を辿っている。これは、1人の女性が一生のうちで産む子どもの平均人数を表す出生率（正確には合計特殊出生率）の低下に拠るところが大きい。事実、1947年には4・54だった出生率が、2005年には1・25まで落ち込んだ。現在は1・4程度までには回復しているものの、人口を維持するのに必要な出生率（2・07）にはまだ及ばない。

ちなみに、人口を維持するのに必要な出生率がおよそ「2」であるのは、両親2人から2人の子どもが生まれなければ、人口は減ってしまうだろうという直観どおりである。

「スープの冷めない距離」はどれくらい？

ニュートン（1642～1727）の「冷却の法則」によると、**「物体が熱を失って冷めていく度合いは、物体と周囲との温度差に比例する」**。たとえば、80℃の味噌汁が室温20℃の部屋の中で冷めていくとき、最初は温度差が60℃もあるので、一定時間の間に冷える度合いは大きい。仮に、15分後に60℃になったとすると、今度は室温との温度

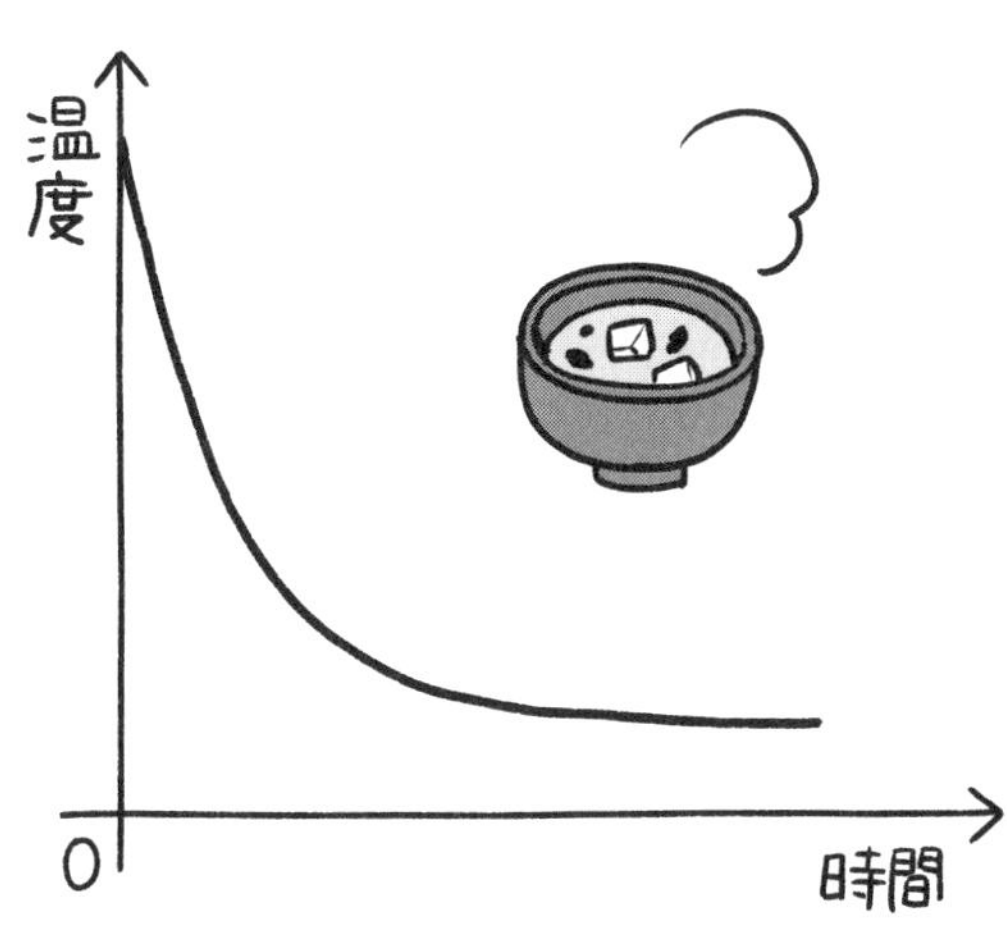

差が40℃なので、冷え方の度合いは最初よりは少なくなる。

そうして時間が経ち、味噌汁が25℃になったときは、もう室温との差は5℃しかない。そのため冷め方は非常にゆっくりになる。つまり、味噌汁の冷え方は、**最初は急激であるが、徐々にゆるやかになる**のだ。実は、このような変化も指数関数で表すことができる。

話はやや脱線するが、独立した子世代が親世代と離れて暮らすときの適切な距離のことを「スープの冷めない距離」などと言うことがある。これはいったいどれくらいの距離のことを言うのだろう?

液体の冷え方は、外気温の他、その表面積や、容器の熱伝導性にも大きな影響を受けるので、一概には言えないが、1988年に当時の東京都老人総合研究所(現東京都健康長寿医療センター研究所)は、ステンレス鍋の味噌汁は、できたての90℃から30分程度で飲み頃の65℃程度になることから、「スープの冷めない距離=徒歩30分の距離=約2100メートル」と発表している。

なお、もともとは「高齢の両親になにかあったときにすぐに駆けつけられる距離」を指していたが、共働き世代が増え、健康な高齢者が増えた現代では、「子育てをサポートしてもらえる距離」という意味合いに変わってきているらしい。

一般に、**ある変数の瞬間的な変化の割合がその時々の変数の値に比例するとき、その変数は指数関数に従って増えたり減ったりする。**これを数式で書くと次頁の図のようになるが、このあたりは読み飛ばしてもらって構わない。

累乗の効果によって急激な変化をもたらす現象は、私たちのまわりにたくさんある。そして、その変化の度合いには驚くことも多い。しかし、そういう劇的な変化が、指数関数という複雑ではない初等関数(実際、高校のうちに文系選択者も習う関数である)で記述で

【劇的な変化を表す方程式】

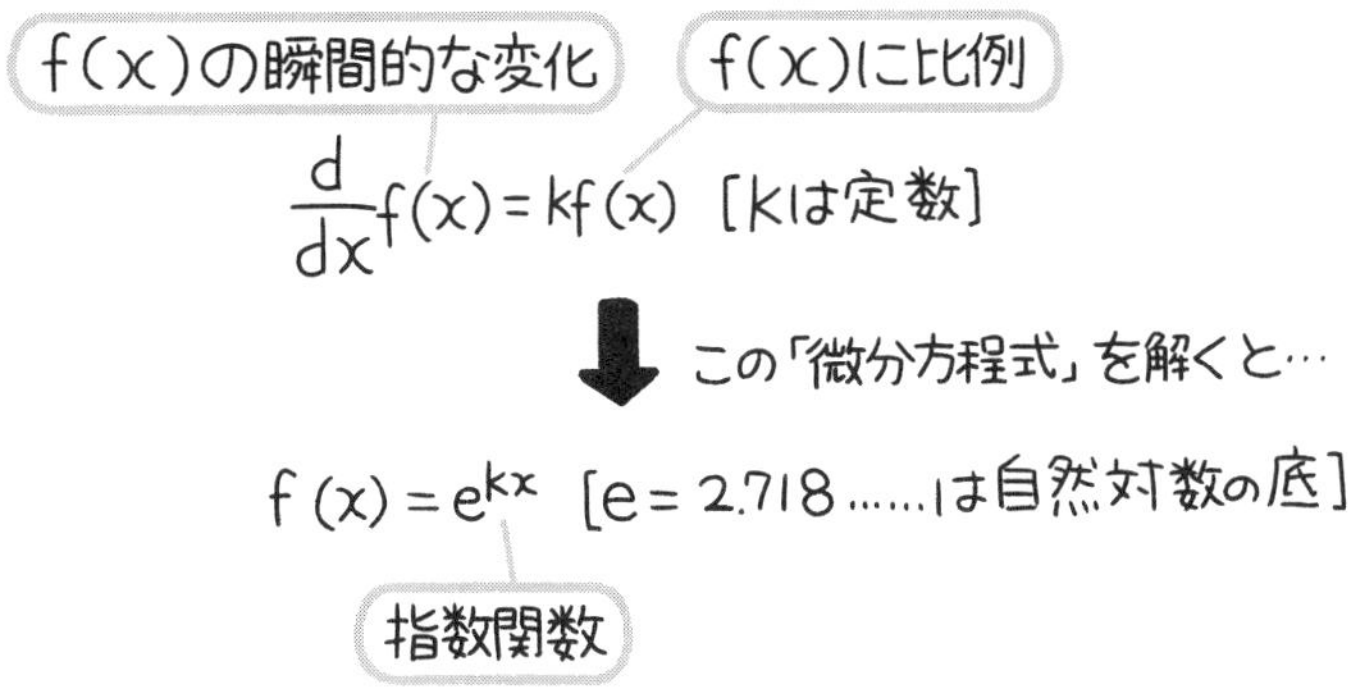

f(x)の瞬間的な変化

f(x)に比例

$$\frac{d}{dx}f(x)=kf(x)$$ [kは定数]

この「微分方程式」を解くと…

$$f(x)=e^{kx}$$ [e＝2.718……は自然対数の底]

指数関数

きるというのは、ある種の感動ではないだろうか？　しかもこうしたことは今回に限ったことではない。人間が数学を生み出すずっと前から存在していた自然現象や、人間の自由意志による社会活動の営みが、シンプルな数式によって表現できてしまう度に、私は、数学の力、数学の面白さを痛感し、そのとてつもない可能性を信じたくなる。

数学の女王と整数の不思議

サイコロを3回振って3桁の数を作る

もし次のようなゲームがあったらあなたは参加するだろうか？

「サイコロを3回振って出た目を自由に組み合わせて3桁の数を作ってください（もし、出た目が1、5、6なら156や561などを作ることができる）。

次にその3桁の数を2回並べて書きます（156を作った場合は156156）。できあがった6桁の数を今度は7で割ってください。このとき出た余りをあなたのラッキーナンバーとします。このゲームではラッキーナンバーと同じ枚数の1万円札を受け取ることができます。ただし参加費は1000円です」

ラッキーナンバーは7で割った余りなので0、1、2、3、4、5、6のいずれかにな

【ラッキーナンバーは必ず0になる】

この「1001」が7で割り切れる（1001＝143×7）ため、
3桁の数を2回並べた数は、必ず7で割り切れる

$$156156 = 156 \times 1001$$
$$= 156 \times 143 \times 7$$

る。最高賞金は6万円である。よっぽど運が悪く余りが0になってしまわない限り、1万円以上もらえると期待して参加したいと思う人は多いかもしれない。

でもちょっと待ってほしい。私はこのゲームに参加することをお勧めしない。たとえば「156156」の場合を実際に計算してみよう。156156÷7＝22308と割り切れるので余りは0。ラッキーナンバーは「0」である（賞金ナシ）。実はこれは偶然ではない。このゲームでは賞金はいつも0円になってしまうのだ。

種明かしをしよう。

3桁の数を2回並べた数を作ることは、3桁の数に1001を掛けることと同じである。そして1001は7で割り切れる。つまりあなたの「ラッキーナンバー」は必ず0になる。ちなみにサイコロを使ったのはゲーム性を強調するためであり、2回並べて書く3桁の数はなんでもいい。

大数学者フェルマーの残したメモ

0と、0から順に1ずつ増やすか減らすと得られる数（1、2、3、……、−1、−2、−3、……）全体を**整数**というわけであるが、この整数について研究する数学分野のことを**数論**という。整数は私たちにとって馴染みの数であるのに、その性質の多くは謎に包まれている。

たとえば、nが3以上の整数のとき、$x^n + y^n = z^n$ を満たす自然数（1以上の整数）のx、y、zは存在しない。これを**フェルマーの定理**という。17世紀に活躍したフランスの数学者ピエール・ド・フェルマー（1607〜1665）は、ある本の余白に「私はこの定理の真に素晴らしい証明を見つけたが、この余白に書くには長すぎる」というメモを残した。

しかし、現代のほとんどの数学者は、フェルマーが見つけた証明方法には間違いや不足があったのだろうと考えている。なぜなら、この定理がイギリスの数学者アンドリュー・ワイルズ（1953～）によって実際に証明されたのは、フェルマーの死から300年以上も後の1994年のことであり、その議論は現代数学のテクニックを駆使した複雑なものであるからだ。

「完全数」は51個だけ

整数にはさまざまなキャラクターがあり、いろいろな名前が付いている。自然数、素数、偶数、奇数、三角数、平方数、友愛数、ピタゴラス数（次頁参照）……。

中には**「完全数」**という格好いい名前を持つ数もある。ご存知だろうか？

整数aが整数bで割り切れるとき、bをaの**約数**という。そして、正の整数の範囲である整数のすべての約数（自分自身は含まない）を足し合わせたものがもとの数に一致するとき、その数を完全数という。最も小さな完全数は**6**である。完全数は**6、28、496、8128、**……と続くが、1万以下の完全数はこの4つしかない。これまでに完全

【さまざまな整数】

自然数　正の整数（0は含まれないことに注意）

素数　1と自分自身でしか割り切れない2以上の整数
2, 3, 5, 7, 11, 13, 17, 19, ……

素数については次節で詳しく取り上げる

偶数　2で割り切れる整数

奇数　2で割り切れない整数

三角数　正三角形の形に点を並べたときの点の総数

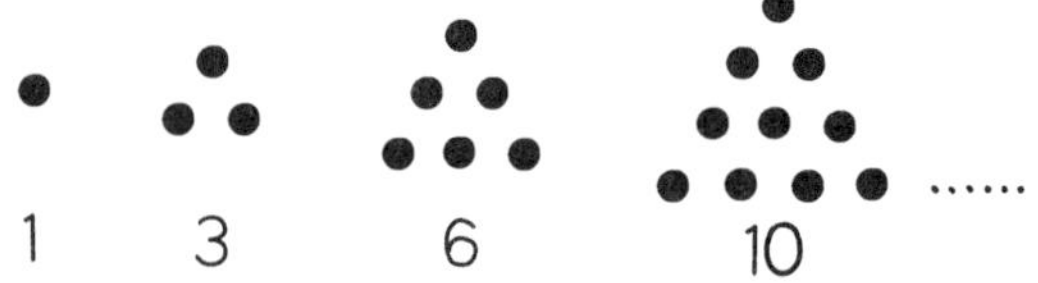

平方数　自然数の2乗になっている整数
1, 4, 9, 16, 25, 36, 49, 64, ……

友愛数　自分自身を除いた約数の和が、互いに他方と等しくなるような2つの自然数の組

220の約数の和＝284
284の約数の和＝220
}（220, 284）は友愛数

ピタゴラス数　直角三角形の3辺の長さとなる3つの整数の組
(3, 4, 5), (5, 12, 13), ……

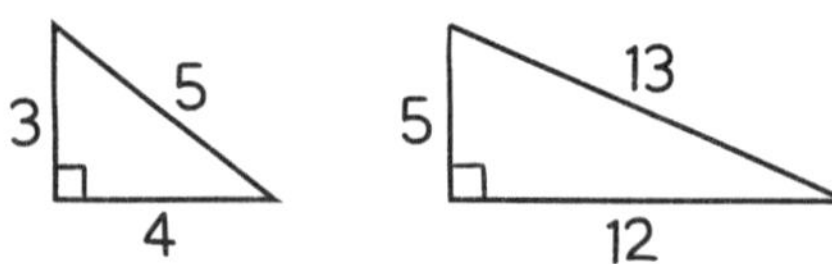

【完全数】

数は51個見つかっている。

2018年に見つかった51番目の完全数は4900万桁以上もある、とてつもなく大きいものである。紀元前4世紀頃から続く研究の中で、わずか51個しか見つかっていないのだから、完全数は相当珍しい数であることは間違いない。しかし、完全数は無数に存在することが期待されている（証明はされていない）。

余談であるが、最初の完全数が6であることは、神が6日間で世界を創造した（7日目は休息日：日曜日）ことと関係があると言われている。ローマ帝国時代のキリスト教の神学者である聖アウグスティヌスも著書『神の国』で「6はそれ自体完全な数である。神が万物を6日間で創造したから6が完全なのでなく、むしろ逆が真である」と書いた。

また、6は最初の2つの素数（2と3）を掛け合わせた数であることから、6の倍数はいろいろな数で割り切れる**便利な数**になることが多い。実際、私たちの身の回りにある多くの数（12ヶ月、24時間、30日、60分、360度など）は6の倍数になっている。

ちなみに、6の次の完全数である28については、原子核が特に安定する陽子と中性子の個数の合計（こうした数を魔法数ともいう）であったり、成人の頭蓋骨を構成する骨の数（舌骨を除く）や成人の歯の数（親知らずを除く）に一致していたりもする。また、28年経つと（閏年を7回またぐので）月日と曜日の関係が一巡する。つまり、28年前のカレンダーはそのまま使うことができる。

「6174」の不思議

整数の不思議な性質をもう1つ紹介しよう。それは**「6174」**という数字が持つ不思議な性質だ。この原稿は2019年の夏に書いているのだが、今、この「2019」という4桁の数字に使われている**4つの数字を使ってできる最も大きい数と最も小さい数の差**を考える。すなわち「9210」と「0129」の差である(0129は129と考える)。計算すると「9081」を得る。この「9081」に対しても同じことを行うと「9621」となり、さらに繰り返すと「8352」である。8352に対しては「8532」と「2358」の差であるから「6174」を得る。

ここまでは別段なにも面白いことはない。むしろ退屈だと思う。しかし、同様の操作を繰り返すと、**最初がどのような4桁であっても、必ずいつかは「6174」になる**と知ったらどうだろう？　大いに驚くのではないだろうか。誰でも簡単に確かめられるので、ご自分の生まれ年等でぜひ確かめてもらいたい(ただし「9999」のようなすべての桁が同じ数の場合は「0」になる)。

このような性質を持つ数のことを**カプレカ数**という。カプレカというのは、この性質を発見した20世紀のインドの数学者の名前である。4桁のカプレカ数は、6174だけであるが、3桁のカプレカ数には「495」があり、6桁のカプレカ数には「549945」と「631764」がある(5桁のカプレカ数はない)。「0」も含めてこれまでに全部で20個のカプレカ数が見つかっている。

【「6174」の不思議な性質】

2019 ➡ 9210 − 0129 = 9081
9081 ➡ 9810 − 0189 = 9621
9621 ➡ 9621 − 1269 = 8352
8352 ➡ 8532 − 2358 = **6174**

1974 ➡ 9741 − 1479 = 8262
8262 ➡ 8622 − 2268 = 6354
6354 ➡ 6543 − 3456 = 3087
3087 ➡ 8730 − 0378 = 8352
8352 ➡ 8532 − 2358 = **6174**

19世紀最大の数学者の1人であるドイツのカール・フリードリヒ・ガウス（1777〜1855）はかつて**「数論は数学の女王だ」**と言った。これは、数論が最高ランクに難しいだけでなく、数論における発想の多くが美しいからだと私は思う（数学の美しさについては3章で詳しく述べる）。また、数論の手法や理論は独特で他の分野にはあまり応用されないという孤高を持していることも、数論に「女王」然とした風格を感じる一因になっているのかもしれない。

素数はいまも未解明

「最も重要な」数とは?

あなたの誕生日の日付けにはどんな特徴があるだろうか? 仮に7月16日だとすると、**「16」は偶数**であり、**4の倍数**であり、**2の4乗**であり、**4の2乗**である。では一方の**「7」**はどうだろう? ラッキーセブンと言うから、なんとなく縁起のいい数のようには感じるものの、目立った特徴はないと思うかもしれない。しかし、7は**「1と自分自身以外では割り切れない」**という特徴がある。こういう特徴を持つ2以上の整数のことを**素数**という。

「6＝2×3」のように、素数以外の数は必ず素数の積(掛け合わせた数)で表せる。これを素因数分解といい、素数は文字通り数の素(もと)である。素数は英語では prime number で

【素数の表れ方は不規則に見える】

2,3,5,7,11,13,17,19,23,29,
31,37,41,43,47,53,59,……

ある。primeは「最も重要な」「最高位の」などの意味を持つことからもわかるように、**素数は、あらゆる数の中で最も重要な数だと言っても過言ではないだろう。**

それほど重要な数でありながら、小さい順に素数を探していくと、その表れ方はランダムに見える。

素数についての研究は2000年以上前の古代ギリシャの時代から始まっており、現在も盛んに研究されているのだが、中でも素数の分布（表れ方）に規則性があるのかどうかについては、多くの数学者が関心を持っている。

100万ドルの懸賞金のかかった証明

素数の分布に関する法則としては**「リーマン予想」**と呼ばれるものが有名だ。1859年にドイツの数学者ベルンハルト・リーマン（1826〜1866）によって提唱された。その予想の具体的な内容は大変難しいのでここでは割愛するが、もしこれが正しければ、一見ランダムに見える素数のすべてに共通する秩序があることになる。リーマン予想の証明は2019年現在も未解決であり、アメリカのクレイ数学研究所によって100万ドルの懸賞金がかけられている。

リーマン予想と同じく、これまでに例外は見つかっていないものの、正しいことが証明されていない素数に関する「法則」がある。それは**「4以上の偶数はすべて、2つの素数の足し算で表せる」**というものだ。確かに、

4＝2＋2、6＝3＋3、8＝3＋5、10＝3＋7、12＝5＋7、
14＝3＋11、16＝3＋13、18＝5＋13、……

となる。もっと大きな偶数についても同様である。よかったらぜひいろいろな偶数で試してみてほしい。近年では、400京（1京は1兆の10000倍）までの数について、4以上の偶数はすべて素数の和（足し算）で表せることがわかっている。

これは、18世紀のプロイセン公国（現在のドイツ北東部周辺に存在した国）の数学者クリスティアン・ゴールドバッハ（1690～1764）によって提唱されたので、**ゴールドバッハ予想**と呼ばれている。しかし今まで、ゴールドバッハの予想が正しいと証明できた者は誰もいない（反対に間違っていることを証明できた者もいない）。

他にも、11と13のように連続する2つの奇数が素数であるとき、それらを**双子素数**と言うが、**双子素数が無限に存在するかどうか**もまだわかっていない。

素数はすべての数の素であるのに、多くの性質が闇に包まれている。ドイツのレオポルト・クロネッカーは「整数は神が作ったもの」と言った（20頁）が、私は素数こそ神が作った数であり、神は宇宙の全知性に対して、素数という数を通して謎掛けを楽しんでいるような気がしてならない。そして、もしかしたらこの広い宇宙のどこかには、人類より先にその謎解きに成功した者がいるかもしれない。そんな想像もまた楽しい。

今日は「素数日」？

ところで、今この原稿を書いているのは２０１９年の8月11日である。実は、この年と日付けを並べた8桁の数（２０１９０８１１）は素数だ。このように年と日付けを並べて書いた8桁の数が素数になるとき、その年月日を俗に「素数日」と言う。

２０１９年は素数日が全部で19日あり、大みそかも素数日である。では２０２０年の大みそかはどうだろう？　素数日であろうか？　これを確認するためには、「２０２０１２３１」という数を「2、3、5、7、11、13、……」と続く素数で順々に割っていって、どの素数で割っても割り切れないことを確認する必要がある（Nが素数かどうかを判定するためには、$\sqrt{N}$までのすべての素数で割り切れないことを確認しなければならない）。相当面倒だ。電卓を使ったとしても、途中で投げ出したくなる人が大半ではないだろうか？

でも安心してほしい。現代は実に便利な時代である。インターネット上には16桁くらいまでであれば、その数が素数かどうかを判定してくれるサイトがあるのだ。こうしたサイトを利用すれば、気になる日が素数日であるかどうかはすぐにわかる。

実は、2020年の大みそかは素数日であり、2021年の元旦も素数日である。大みそかとその翌日の元旦が連続して素数日になることは、21世紀の100年間では2回しかない（もう1回は2029年の大みそかと2030年の元旦）。

巨大素数を探せ！

古代ギリシャの時代に、ユークリッド（紀元前300年頃?）によって**素数は無限に大きくなり得る**ことが証明されているのだが、実際に大きな素数を見つけることの難しさは、歴史をひも解いてみるとよくわかる。中でも1588年にピエトロ・カタルディ（1548〜1626）の手によって見つかった6桁の素数（524287）が「実際に発見された最大素数」の座に君臨した時期は長かった。

1732年に当時25歳のレオンハルト・オイラーの手によってさらに大きな7桁の素数が見つかるまで、実に144年もの年月がかかっている。ちなみにオイラーはその40年後に10桁の素数も見つけている。そして1876年にはエドゥアール・リュカ（1842〜1891）が39桁の素数を見つけているが、これは手計算によって発見された最も大きな素数である。

２０１９年8月現在、実際に見つかっている最も大きな素数は**約２４８０万桁**のとてつもなく大きな数であり、**GIMPS**（Great Internet Mersenne Prime Search）と呼ばれるコンピュータプロジェクトによって２０１８年に発見された。

ＧＩＭＰＳでは、ネットワークを介して世界中のコンピュータを接続し、１台の高性能なコンピュータを仮想的に構築するという技術が使われている。これを分散コンピューティングという。

このプロジェクトは、１９９６年にマサチューセッツ工科大学でコンピュータサイエンスの学位を取得したジョージ・ウォルトマン（１９５７～）がソフトを開発し、これを公開したことから始まった。発足当初は電子メールによって素数判定を依頼するという原始的な手法が使われていたようだが、現在では1秒間に2兆回の演算を実行できるアメリカのエントロピア社のシステムが利用されている。ＧＩＭＰＳには誰もが参加することができて、参加者はインターネットから無料でダウンロードできるソフトウェアを用いて、素数探索の手助けをする。巨大素数の発見に一役買いたいという方は、参加してみるといいだろう。

2章
とてつもない天才数学者たち

欧米エリートの必読書『原論』とユークリッドの謎

驚異のベストセラー『原論』

古代ギリシャの**ユークリッド**が著したとされる『原論』という本をご存知だろうか?

『原論』は紀元前3世紀頃に編さんされた最古の数学テキストであると同時に、少なくとも100年前までは、高校の教科書として世界中でそのまま使われていた、驚異の大ベストセラーである。**聖書を除けば『原論』ほど世界に広く流布し、多く出版されたものは無いだろう。**余談だが、15世紀にグーテンベルクによって活版印刷が発明された後、初の幾何学図版付きの本として出版されたのも、この『原論』だった。

ではなぜ『原論』はここまで広く、読まれたのだろうか?

それは、数学だけでなく、すべての分野に通じる**論理的思考**（logical thinking）の方法が書かれているからである。質においても量においても論理的思考の手本が『原論』ほど見事に示されている類書は、未だに類を見ない。

これはつまり、論理力を磨くためには『原論』こそが最良であるということを意味する。実際、現代においても、特に欧米のエリートたちにとっては、『原論』の内容は欠くことのできない常識になっている。

ピタゴラスやソクラテス（紀元前469〜紀元前399）やプラトンらが活躍した古代ギリシャ文化の伝統を受け継ぐ欧米では、古くから論理的思考が尊ばれてきた。学校の授業の中でディベートを学ぶのもそのためである。

西洋ではセンスやヒラメキよりも、まわりの人間を説得し、対立する相手の主張をも理解する力、すなわち論理力こそがリーダーに必要な資質だと考えられている。

私は一時期、指揮者を目指してウィーンに留学していたことがある。そのとき——音楽とい

【ユークリッド】

【『原論』とは】

- 聖書に次ぐ大ベストセラー
- 「論理的思考法」を確立
- 科学・哲学・芸術に多大な影響
- 19世紀まで現役の教科書

う感性に重きを置く芸術の場であるのに――、ヨーロッパでは楽曲を演奏する際に「たまたま思いついたこと」は、それがどんなに斬新で魅力的であったとしても、日本ほどには持て囃(はや)されないことを肌で感じた。

それよりも、なぜそう演奏するのかをちゃんと言葉にできることが重要だった。オーケストラのリーダーたる指揮者を目指すのなら、論理力を欠くことは許されないのである。

『原論』には何が書かれているのか?

そういう文化が根ざす欧米において、論理的思考力を磨くための理想的な教本である『原論』がエリートに必須の教養であり続けるのはいわば当然だろう。

『原論』に書かれている論理的思考の方法、それは**定義と公理から始めて正しい命題を積み上げるという方法**である。論理的にものごとを考えていこうとしたら、これから何も引くことはできない。またこれ以上に何かを付け加える必要もない。

詳しく見ていこう。

「定義」とは**言葉の意味**である。議論に使う言葉の意味が曖昧だったり、誤解があったりしたら、合理的な話し合いは期待できない。

たとえば、「子どもの理系離れ」について議論しようとするとき、一方は「子ども」を小学生程度の児童であると捉え、他方は中高校生や大学生も含む学生全般であると捉えていたら、議論は当然嚙み合わないだろう。

「公理」は**「これだけは前提として認めることにしましょう」という約束事**のことを言う。

電車の中において携帯電話で通話することの是非を議論する際、「電話で話す声が聞こえてくるのは不快であり迷惑である」という主張に対して、「いや、友人どうしが乗り合わせて会話している分には特に耳障りではないのだから、目の前にいる友人に話す程度の音量で通話すれば迷惑ではない」という反論はあり得るかもしれない。しかし、こうした議論の最中に「なぜ他人に迷惑をかけてはいけないのか?」などと言い出したら、議論が大きく後退してしまう。やはりここは「他人に迷惑をかけてはいけない」ということは前提として約束しておきたい。

無論、少しでも疑いの余地のあることは、むやみに前提にすべきではないが、建設的にそして効率よく議論を発展させるためには、出発点になるような共通の認識は「公理」として事前に確認しておくべきである。

「命題」は**客観的に真偽（正しいか正しくないか）が判断できる事柄**のことを指す。

たとえば、「彼の体重は重い」は、正しいかどうかを客観的に判断することができないので命題ではない。どれくらいの体重を「重い」と形容するかは、人それぞれだからだ。

一方、「彼の体重は80キログラム以上である」はその真偽を客観的に判断できる（誰が判断しても同じ結果になる）ので命題である。

たとえばここに次のような「証明」があるとする。

①　X社では日本人の平均年収以上を稼ぐ社員は全員40歳以上である

↓

②　X社に勤めるA氏の年収は高い

↓

③　A氏は40歳以上である

日本人の平均年収（国税庁の民間給与実態調査によると、平成30年は約４４１万円）は調べればすぐにわかる。つまり、①は客観的に真偽が判断できるので命題であり、今、これは正しいとしよう。しかし、だからと言って①と②から、③のように結論できるだろうか?おわかりの通りNOである。②の表現では、A氏の年収が「高い」のかどうかを客観的に判断できないからだ。

もしかしたらA氏は20代で、A氏の年収が20代の年収の中央値(約300万円)よりは高いだけであり、国民全体の平均年収には達していないかもしれない。よって、③を正しい結論として導くことはできない。

定義→公理→命題→結論

センスやヒラメキに頼るのではなく、議論を積み上げることによって、深い洞察を得るのは論理的思考の醍醐味であるが、積み上げることができるのは「正しい命題」だけである。命題でないものや、誤った命題(偽である命題)を積み上げて得られた結論は論理的に正しいとは言えないのだ。

以上の**定義→公理→(正しい)命題→結論**という論理的思考の方法を最初に明言した

【論理的思考の方法】

定義

「まわりに人がいる状態」を
「他人の話し声が聞こえる状態」とする。

公理

他人に迷惑をかけてはいけない。

命題①

人間は、会話の半分しか聞こえない状態が続くと、
無意識のうちに会話の内容（文脈）を
知りたくなってしまい、気を取られてしまう。
（心理学ではこれを「認知機能の乗っ取り」という）

命題②

人間は「認知機能の乗っ取り」に
あうと、イライラする。

結論

まわりに人がいる状態では、
携帯電話で通話すべきではない。

のは、哲学者の**プラトン**だったと言われている。ユークリッドは、プラトンの教えの通りに、幾何学を中心とする数学の教科書を書いた。それが『原論』である。

ただし、ユークリッドは自身が発見した新しい事実をまとめたわけではない。彼の最大の功績は、それまでに**ピタゴラス**とその弟子たちのもとで大きく発展した幾何学等を――プラトン流の論理的思考の方法に則って――明解に体系立てて記述したところにある。

そういう意味ではユークリッドは独創的な数学者というより、優れた編集者だったと言うべきかもしれない。

【プラトン】

【ピタゴラス】

ユークリッドは編集者集団のペンネーム!?

日本では2000年前後に出版された『考える技術・書く技術』（ダイヤモンド社）と『ロジカル・シンキング』（東洋経済新報社）という2冊のベストセラーをきっかけに「ロジカル・シンキング」という言葉が認知され、注目されるようになった。平成から令和になり、AIや機械学習が世間を席巻している今日では、論理的思考力の重要性は益々高まっていると言えよう。

しかし、それでも欧米に比べるとまだまだ浸透しているとは言えないように思う。**これは、日本人が『原論』を読んでこなかったことと無関係ではないだろうと私は考えている。**

『原論』は、当時混沌（こんとん）としていた数学の諸定理（定理：正しいことが証明された命題のうちよく使われるもの）が極めてわかりやすくまとめられた名著であるが、現代の私たちからすると、それでも難解に感じると思う。『原論』が詳しくはどのような本であるか、興味のある方は拙書『オーケストラの指揮者をめざす女子高生に「論理力」がもたらした奇跡』（実務教育出版）をご覧いただきたい。プロの指揮者を目指す女子高生が『原論』を通して論理力を身につけることで、夢をかなえていく様子を対話形式で書いた。

ユークリッドは、後世にこれだけ大きな影響を与えた書物の著者でありながら、生まれた年や没した年も含めて、その生涯についてはほとんど何もわかっていない。一説には「ユークリッド」というのは個人の名前ではなく、何人かの編集者集団のペンネームだったのではないか、とも言われている。

ただ1つ確かなことは、ユークリッドが個人であったとしても、あるいは何人かのグループであったとしても、功名心というものはまるで持ち合わせていなかったということだ。同時代の他の「偉人」に比べても極端に何も伝えられていないのは、数学そのものについて書く以外には、世に自分の名を轟かせるようなことを一切しなかったからだろう。

では数学を通して、ただひたすらに論理的であるための方法論を記述し、全13巻からなる『原論』を書き上げたモチベーションはなんだったのか。

それは、論理的に考えることが、「宇宙＝神」を理解するための、最上にして最強の方法であると信じていたからではないか。センスやヒラメキでは決して到達することのできない遥かなる頂きを、人類がいつか論理の力で踏破する未来を夢見ていたからこそ、ユークリッドは自分の名誉を誇示することの矮小(わいしょう)さを感じていたのだと思う。

悪魔の頭脳を持つ男とゲーム理論

アインシュタインから天才と呼ばれた男

かのアルベルト・アインシュタイン（1879〜1955）が「世界一の天才」と呼んだ人物を紹介しよう。その男の名は、**ジョン・フォン・ノイマン**（1903〜1957）である。

ノイマンは1903年にハンガリーのブダペストで生まれた（フォンは、貴族や準貴族の出であることを示す称号である）。父親は銀行家、母親は裕福なユダヤ系の家系だった。幼少の頃から、一度読んだだけの本を1語の狂いもなく暗誦（あんしょう）して見せたり、父親と古代ギリシャ語で冗談を言い合ったりして驚異的な記憶力と語学能力を発揮したノイマンは、誰の目にも「神童」に映った。1921年にブダペスト大学に入学したノイマンは、同時にベルリン大学やスイス連邦工科大学にも在学し、数学の学位だけでなく、化学工学の学位も取得するという離れ業をやってのけている。

１９２７年から３年間ベルリン大学の講師を務め、その間に代数学、集合論、量子力学などに関する論文で世界的な名声を得た。１９３０年には当時世界最高の研究機関だったアメリカのプリンストン大学に招かれ、３年後には同高等研究所の所員になっている。その頃のプリンストン高等研究所は、ナチスの台頭により迫害され亡命せざるをえなかったユダヤ系科学者を積極的に迎え入れていて、ノイマンとアインシュタインが出会ったのも同研究所だった。

ノイマンは、当時黎明（れいめい）期にあったコンピュータとの計算勝負に勝ったり、知人の数学者が３ヶ月かけて得た結論を数分で導き出したり、とにかくその能力は驚異的であった。あまりに人間離れしていることから、ノイマンは本当は宇宙人であるが、人間というものをよく研究しているため、人間そっくりにふるまうことができ

【ジョン・フォン・ノイマン】

るのだという話が伝えられていたほどである。一方で、自分の家の食器棚の位置は覚えられなかったそうで、興味のないものには極端なまでに無関心だった。

1926年のゲーム理論

ノイマンの研究は本業の数学の他に、物理学・計算機科学・気象学・経済学・心理学・政治学などに大きな影響を与えた。そんなノイマンの数々の業績の中でも特筆されることが多いのは、1926年に提唱した**「ゲーム理論」**である。

ゲーム理論とは**「複数のプレイヤーが選択するそれぞれの戦略が、当事者や当事者の環境にどのように影響するかを分析する理論」**のことを言う。平たく言えば、2人以上のプレイヤーが利害関係にあるとき、どのような結果が生じるかを示し、どのように意思決定するべきかを教えてくれる理論である。「プレイヤー」は国家の場合も、企業や組織の場合も、個人の場合もある。

ゲーム理論は、最初の発表から随分あとの1944年に、ノイマンと経済学者の**オスカー・モルゲンシュテルン**（1902〜1977）が著した『ゲームの理論と経済行動』

という大書（邦訳は5分冊）によって初めて体系化された。この書物には「20世紀前半における最大の功績の1つ」「ケインズの一般理論以来、最も重要な経済学の業績」などの賛辞が寄せられ、当時大変な評判になった。

ゲーム理論は、誕生からわずか100年足らずの歴史の浅い理論であるにも関わらず、今日では経済学、経営学、政治学、社会学、情報科学、生物学、応用数学など非常に多くの分野で応用されている。

【オスカー・モルゲンシュテルン】

「囚人のジレンマ」の衝撃

ゲーム理論の応用例としては**「囚人のジレンマ」**が有名である。囚人のジレンマの概略を説明しよう。ある大事件の容疑者が2人いて、それぞれ別件の微罪で捕まえられている。仮にこの2人を囚人A、囚人Bとしよう。検察は、2人と次のような司法取引（容疑者や被告が、他人の犯罪を明かす見返りに、自身の求刑を軽くしてもらったり、起訴を見送ってもらったりすること）を提案した。

① 相手が黙秘し、お前が自白したら、お前は釈放
② 相手が自白し、お前が黙秘したら、お前は懲役10年
③ 2人とも黙秘なら、2人は懲役1年（微罪による刑罰のみ）
④ 2人とも自白なら、2人は懲役5年

なおA、Bは隔離され、お互いに取り調べ中の相棒の言動を知ることはできない。

まず囚人Aの立場に立って考えてみよう。
囚人Bが黙秘する場合、**Aは自白した方が得**である（釈放される）。一方Bが自白する場合も**Aは自白した方が得**である（そうしないと自分だけ懲役10年になってしまう）。いずれの場合も自白した方が得なので、合理的に判断するとAは自白を選択するべきであることがわかる。もちろんこれはBも同じである。結局2人は共に懲役5年になる。

【囚人のジレンマ】

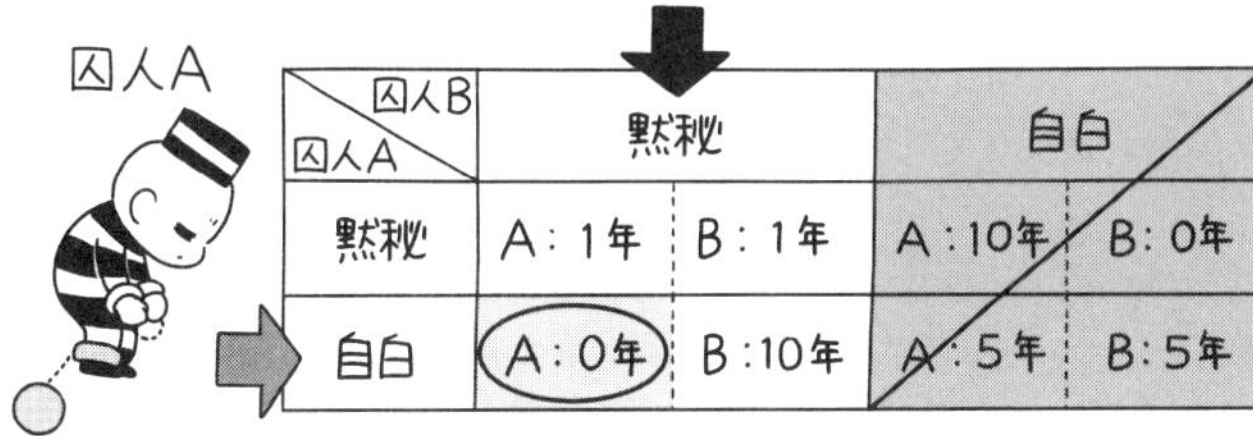

囚人Bが「黙秘」なら
囚人A
囚人B
囚人A
黙秘
自白
黙秘
A：1年
B：1年
A：10年
B：0年
自白
A：0年
B：10年
A：5年
B：5年
囚人Aは「自白」すべき

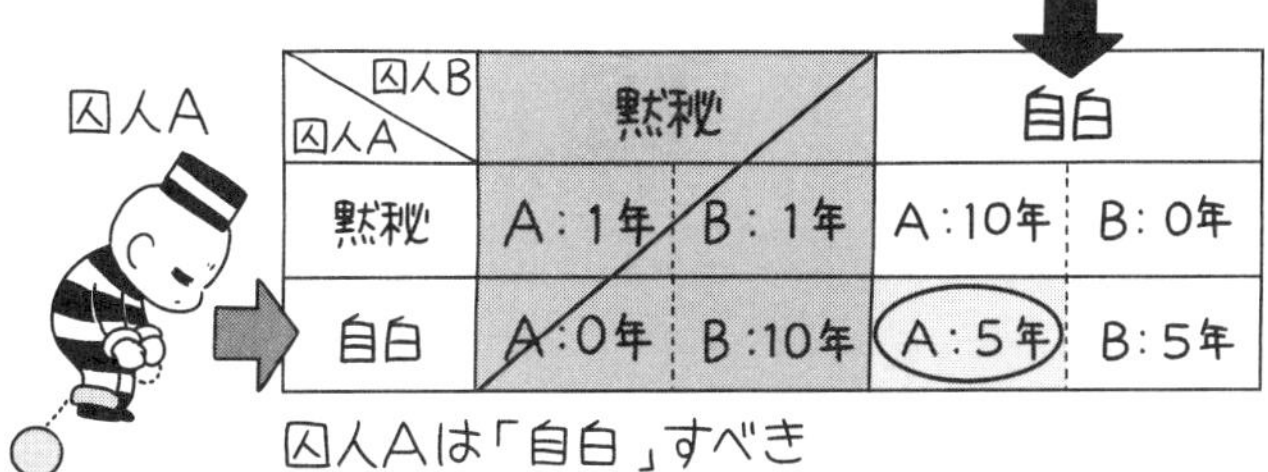

囚人Bが「自白」なら
囚人A
囚人B
囚人A
黙秘
自白
黙秘
A：1年
B：1年
A：10年
B：0年
自白
A：0年
B：10年
A：5年
B：5年
囚人Aは「自白」すべき

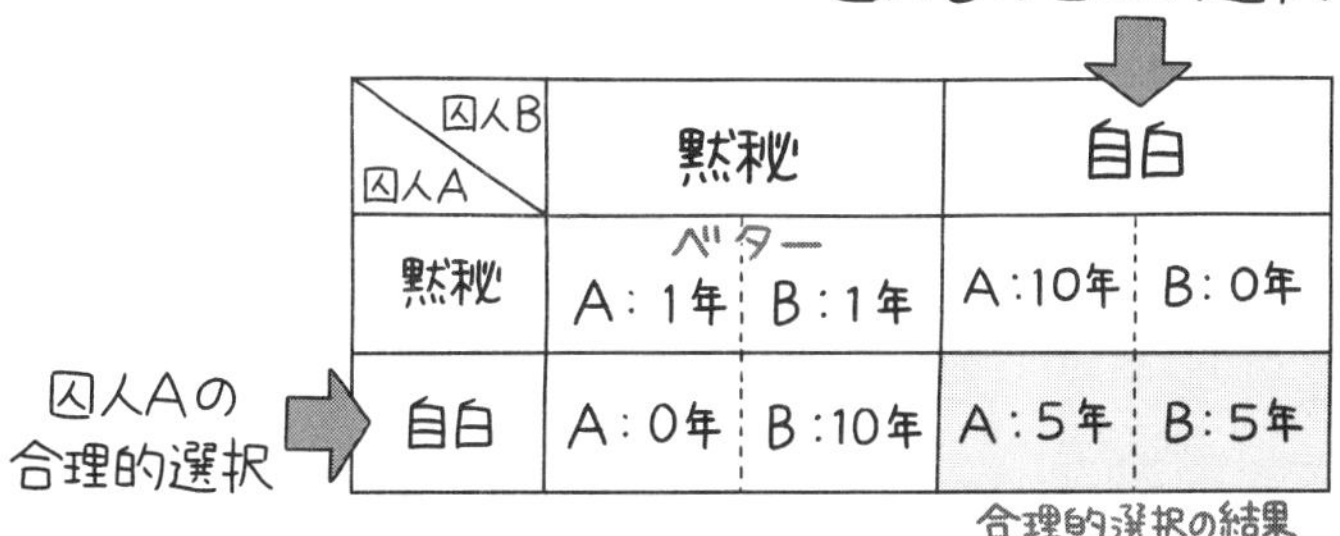

囚人Bの合理的選択
囚人B
囚人A
黙秘
自白
黙秘
ベター
A：1年
B：1年
A：10年
B：0年
囚人Aの
合理的選択
自白
A：0年
B：10年
A：5年
B：5年
合理的選択の結果

ただし、この結果には問題がある。なぜなら2人とも黙秘のケース（2人とも懲役1年）の方が、2人とも自白のケース（2人とも懲役5年）よりも良い結果になるからである。

囚人のジレンマとは、**お互い協力する（黙秘する）方が協力しない（自白する）よりも良い結果になることがわかっていても、協力しない者が利益を得る状況では、互いに協力しなくなってしまう**というジレンマのことである。

「囚人のジレンマ」にあてはまる例は、値下げ合戦、ゴミ捨て問題、核保有問題……などたくさんある。囚人のジレンマは、「個々人が合理的な判断に基づいて行動すれば、社会全体はうまくいくはず」という社会通念を覆すものであり、これは経済学や社会学、哲学等に非常に大きな影響を与えた。

ノイマンと原子爆弾

アメリカに渡ったあとのノイマンは応用数学（実社会に役立つ数学）の研究に没頭するようになる。政治的には愛国主義的な思想を持っていたこともあり、１９４０年代以降は特に衝撃波と爆発波に関する指導的な専門家として、しだいに戦争の仕事に巻き込まれていった。１９４３年には原子爆弾開発のためのマンハッタン計画にも参画している。
なおノイマンが掲げた「大きな爆弾による被害は、爆弾が地上に落ちる前に爆発したときの方が大きくなる」という理論は、広島と長崎に落とされた原子爆弾にも利用された。爆弾の弾道や威力を予測するためには大量の計算が必要になることから、ノイマンはしだいに電子計算機（コンピュータ）の開発にものめり込んでいく。

弾道計算を目的として最初に開発されたのはＥＮＩＡＣと呼ばれるコンピュータだったが、これは、幅24メートル、高さ２・５メートル、奥行き０・９メートル、総重量30トンという巨大さ（約13畳の部屋を埋めつくすほど）でありながら、計算能力は現代の電卓よりも低かった。しかもＥＮＩＡＣでは新しい計算をする度に、真空管の配列や配線を一から組み直す必要があったため、いろいろな計算をしようとすると大変不便だった。

そこでノイマンはコンピュータの内部にあらかじめプログラムを内蔵させておく方式を提唱し、その数学的な基礎設計を与えた。**ソフトウェア**（コンピュータを動かすプログラムのこと）という概念の登場である（コンピュータ自体や周辺機器などのように目に見える機器のことは「ハードウェア」と呼ぶ）。これにより、プログラムを書き換えれば新しい計算を行わせることが可能になり、コンピュータの汎用性は飛躍的に高まった。

プログラム内蔵方式のコンピュータを**ノイマン型**といい、ノイマン型は現在でもほぼすべてのコンピュータの基礎になっている。なお、アメリカでコンピュータ産業が発展するきっかけになったのは、ノイマンが書いたプログラム内蔵方式に関する文書が広く公開されたためだと言われている。

1957年、アメリカ合衆国の首都ワシントンDCにて、ノイマンはがんで死去している。このノイマンのがんの発症については、マンハッタン計画や核実験の際に浴びたとされる大量の放射線が原因だという意見もある。

天才の条件

ノイマンは、あまりに並外れた能力を持ち、政治的には好戦的な気質の持ち主（ただしこれは、自身がユダヤ人としてナチズムや共産主義などの全体主義を嫌っていたことも大きく影響しているだろう）だったため、**「悪魔の頭脳を持つ男」**などとも評されるが、実際のところはどんな人物だったのだろう？

私はこれまでの人生で、何人か「天才」に会ってきた。東大の中でも群を抜く学力を誇る理科3類（医学部）の同級生、灘や開成と並ぶ進学校である筑駒（筑波大学附属駒場高校）で「筑駒始まって以来の天才」と評された男、東大の理学部で（当時）最年少で教授になった方……。また、音楽や舞台芸術の世界でも、常識の枠では捉えることができない「天才」と実際に接する機会があった。

当然、彼らは天才であるが故に非常に個性的なのだが、一方で全員に共通する資質がある。それは、

①　物事の本質を汲み取る力に長けている
②　学習をするスピードが桁外れに早い
③　国語力（言語能力）に長けている
④　素直

という4点である。これらはいわば「天才の条件」であると私は考えるのだが、果たしてノイマンにもあてはまるのだろうか……。

インドの魔術師の驚異のひらめき

天才は、突如現れた

かつてイギリスの物理学者アイザック・ニュートンは、その素晴らしい業績を称賛されたとき「私がかなたを見渡せたのだとしたら、それはひとえに巨人の肩の上に乗っていたからです」と語った。大科学者らしい謙虚な言葉である。ただ、ニュートン力学を支える物体の運動に関する物理法則発見の歴史をひも解いてみると、これは彼の本心だったのだろうという気もしてくる。

ニコラウス・コペルニクス（1473～1543）、ガリレオ・ガリレイ、ヨハネス・ケプラー（1571～1630）、クリスティアーン・ホイヘンス（1629～1695）といった負けず劣らずの「巨人」たちと、歴史に埋もれた名もなき物理学者たちが「宇宙の真理を解き明かそう」と強い信念でバトンを繋いだからこそ、ニュートンは「ニュートン力学」と呼ばれる古典物理の金字塔を打ち立てることができたのだと思う。

アインシュタインの相対性理論も、アインシュタインがいなくても10〜20年以内に他の誰かが発見しただろうと言われている。なぜなら、自然の摂理の発見にはある種の論理的もしくは歴史的な必然があるからだ。

しかし、**「インドの魔術師」**と呼ばれた**シュリニヴァーサ・ラマヌジャン**（1887〜1920）が発見したおびただしい数の公式群には、必然性が見えない。それらはラマヌジャンがいなければ、今もなお未発見のままだったかもしれないのだ。

ラマヌジャンは、1887年に南インドの田舎村エロードにある母の実家で生まれた。父親はクンバコナムという町の布地商の会社で帳簿係として働いていた。母親は賢く教養があり、何より信心深い女性で、家では祈祷（きとう）会を催すほどだった。ラマヌジャンの家は正統的なバラモン（ヒンドゥー教における身分制度［カースト］

【シュリニヴァーサ・ラマヌジャン】

の最上位）であったから、バラモンとしての誇りと、肉だけでなく魚も卵も口にしない厳しい菜食主義をたたきこまれた。

幼い頃から学業に非凡な才能を見せたラマヌジャンは、13歳になる頃には大学生が使う三角法や微積分の教科書の内容をマスターしていたという。

ある数学書との出合い

そんなラマヌジャンの人生を決定づけたのは、イギリス人数学教師のジョージ・カーが著した『純粋・応用数学基礎要覧』という受験用の数学公式集に出合ったことだった。

この本は大学初年級までに習う6000余りの定理や公式が、表題ごとに並べられただけの無味乾燥なものであるが、ラマヌジャンはこれらを自らの手で確かめることに没頭した。

公式集の定理・公式には簡単な注が添えられているだけで、証明らしきものは何もなかったため、それらが正しいことを確認するためには独自の方法を編み出す必要があったのだが、それが新しい定理を発見するヒントになることも少なくなかった。

ラマヌジャンは、自身が「発見」した定理や公式をノートに書きつけるようになった。

その後何度か整理されて3冊にまとめられたこの『ノート』は、現在マドラス大学の図書館に所蔵されている。ただし『ノート』に記されているのは定理や公式の結果のみで、証明は一切書かれていない。

ラマヌジャンは、ほとんど独学で数学を学んでいたから、『ノート』に記されたもののうち3分の1程度は既に知られているものであったが、**残りはまったく新しいものだった**。その数は合計3254個。中には、最近になって開発された、最新の手法を使わなければ証明できないものも含まれている。実際、『ノート』にあるすべての定理・公式が証明されたのは、ラマヌジャンが亡くなってから77年も経ってからのことだった。

たとえば無限級数（無限に続く数の和）で表現された円周率（円周率については5章の270頁で詳述する）を計算するラマヌジャンの公式は、驚くほど速やかに円周率の真の値（3・141592……）に近づく。なんと最初の2つの数を計算するだけで、小数点以下8桁目までが円周率の真値と一致するのだ。

一方、ニュートンと並んで「微積分学の父」と称されるドイツの**ゴットフリート・ライプニッツ**（1646〜1716）が発案した有名な円周率の公式は、500番目の数まで計算しても小数点以下3桁目までしか一致しないから、文字通り桁違いである。

【2つの円周率公式】

ライプニッツの円周率公式

$$\frac{\pi}{4}=1-\frac{1}{3}+\frac{1}{5}-\frac{1}{7}+\cdots\cdots=\sum_{n=0}^{\infty}\frac{(-1)^n}{2n+1}$$

ラマヌジャンの円周率公式

$$\frac{1}{\pi}=\frac{2\sqrt{2}}{99^2}\sum_{n=0}^{\infty}\frac{(4n)!(1103+26390n)}{(4^n 99^n n!)^4}$$

π=3.14159265358979323846

【ゴットフリート・ライプニッツ】

上に2つの公式を並べてみた。眺めるだけで、ラマヌジャンの方はとんでもなく複雑な式になっていることがわかってもらえると思う。いったいぜんたい、どうすればこんな式を思いつくのだろうか。

ちなみにラマヌジャンの円周率の公式の正しさが証明されたのは、この天才が没してから60年後（1987年）のことであり、以降円周率の計算は飛躍的に桁数を伸ばすことになった。

他人にはまったく想像がつかないその発想の源について、ラマヌジャン自身は**「信じてもらえないだろうが、すべて毎日お祈りしているナーマギリ女神のおかげなんだ」**と答えている。

また**「神の御心を表現しない方程式には、なんの意味もない」**とも語っている。

今日、ラマヌジャンが発見した定理や公式は素粒子論、宇宙論、高分子化学、がん研究など、多方面に影響を及ぼすようになっている。これについてプリンストン高等研究所の理論物理学者フリーマン・ダイソンは、「ラマヌジャンを研究することが重要となってきた。彼の公式は美しいだけでなく、実質と深さをも備えていることが、わかってきたからだ」と述べている。

毎朝半ダースの「新定理」

1913年に入るとラマヌジャンは『ノート』から公式を抜粋し、宗主国イギリスの一

【分割数】

(例)5の分割数

「5, 4+1, 3+2, 3+1+1, 2+2+1, 2+1+1+1, 1+1+1+1+1」と、

7通りに「分割」できるので、5の分割数は7

分割数の近似式

ある自然数nの分割数は、nが大きくなると以下の式で計算できる数に近づく

$$\frac{1}{4n\sqrt{3}}e^{\pi\sqrt{\frac{2n}{3}}}$$

【ゴッドフレイ・ハーディ】

流数学者たちに手紙を送るようになった。その中の1人が当時のイギリス数学会の中心的人物であったケンブリッジ大学の**ゴッドフレイ・ハーディ**（1877〜1947）教授である。

ハーディは同僚のジョン・リトルウッドと共に手紙に書かれた未知の公式群を3時間かけて精読した後、自分た

ちが相手にしているのは紛れもない天才だという結論に達した。翌年ラマヌジャンはケンブリッジ大学に招聘（しょうへい）され、ハーディとの共同研究に入ることとなる。

後にハーディが語ったところよると「ラマヌジャンは毎朝半ダースほどの新定理を持って現れた」らしい。ハーディはそれらの「新しい定理」に証明を付けるように再三指導した。しかし、数学の正統的な教育を受けていないラマヌジャンにとっては証明の何たるかがほとんどわかっていなかった。

ラマヌジャンにとって、自身が提出した定理のほとんどは、「神様に教えてもらったもの」であり、いわば「この目で見たもの」だったのだろう。

ラマヌジャンが証明を求められて困惑したのは、ＵＦＯを見たことのある人が、見たことのない人に「ＵＦＯの存在を証明せよ」と言われて困ってしまうのと同じだったのかもしれない。

ハーディは途中からラマヌジャンに証明を求めることを諦め、「御神託」として与えられる定理の証明を付けるのは自分の仕事であると割り切るようになった。

２人の研究成果の中で特筆されるべきなのは、**分割数の近似式**であろう。分割数とは、自然数をいくつかの自然数の和に分ける分け方の総数のことをいう（自分自身も含む）。

たとえば4は、4、3＋1、2＋2、2＋1＋1、1＋1＋1＋1と5通りに表せるので、4の分割数は5である。もとの数が大きくなると分割数の計算は大変難しくなるが、2人の近似式は驚くべき精度を誇る（96頁に公式を紹介したが、これも眺めるだけでよい）。

現代物理学を切り拓く公式

しかし、ハーディとラマヌジャンの共同作業は、そう長くは続かなかった。ラマヌジャンは菜食主義なだけでなく、バラモン以外の者が料理したものを不浄として口にしなかった。その上、ハーディとの共同研究に没頭するあまり、30時間休まずに研究して20時間眠り続けるというような不規則な生活を続けていたのがたたり、渡英後3年ほどでついに病魔に襲われてしまう。1919年にラマヌジャンは帰国したが、その1年後には帰らぬ人となる。享年32歳という若さだった。

1976年にペンシルバニア州立大学のアンドルース教授によって、ラマヌジャンがインド帰国後に書き残したノートの断片が偶然発見された。そこには「ラマヌジャンの最高の仕事」との呼び声も高い**「擬テータ関数」**の発見と、それにまつわる600を超える公式が記されていた。この発見はベートーヴェンの第10交響曲が発見されたに等しいと言われている。

「擬テータ関数」というのは、発見当初、ドイツの数学者**カール・グスタフ・ヤコブ・ヤコビ**（1804〜1851）が発展させた「テータ関数」と共通点があると考えられたために付けられた名前である。しかし、ラマヌジャンのノートに残された「擬テータ関数」の公式たちが、何を意味しているのかは未だに多くの部分が謎のままである。

「テータ関数」は現代物理学の「超ひも理論」で重要な役割を担っている。「擬テータ関数」の方は、宇宙の膨張エネルギーや大統一理論（力のすべてを統一的に説明しようとする理論）との関連が期待されていて、今日も世界中の数学者や物理学者によって活発に研究されている。

【カール・グスタフ・ヤコブ・ヤコビ】

無限を捉えた数学者の闇

無限に大きさはあるのか

小学生くらいの子どもが、

「ねえねえ、イチバン大きな数って何か知ってる？」

「え〜、『兆』っていうのは知ってるけど、その上は……」

「お前知らないの!?　無限だよ、む・げ・ん！」

なんていう会話をしているのを聞いたことがある。しかしこれは、無限を「とても大きな ある数」と捉えてしまう典型的な誤解である。**無限を「1兆」のような有限の世界の数と同じように考えることはできない。**

これについて大村平氏は著書『論理と集合のはなし』（日科技連出版社）の中で次のよう

に述べている。

「『無限』を『べらぼうに大きい』で代用するのは、水平線の彼方に空があるからというので空を『べらぼうに遠くの海』で代用するようなもので、とても許されはしない」

人類が無限について真剣に考え始めたのは、古代ギリシャ時代のことである。しかし、ピタゴラス（紀元前582〜紀元前496）やプラトン（紀元前427〜紀元前347）、**アリストテレス**（紀元前384〜紀元前322）といった当時を代表する哲学者（数学者）たちは、この世は有限であるのだから、議論の中に無限を持ち込むことは混乱のもとになるとして、無限を忌み嫌っていた。

実際、有限の世界の感覚で無限を捉えようとすると、不思議なこと（不合理に思えること）が多々ある。たとえば、ここに自然数（1、2、3、……と続く1から始まる正の整数のこと）ばかりを集めたグループAと、平方数（自然数を2乗した数）ばかりを集めたグループBがあるとする。

【アリストテレス】

【要素が多いのはどっち?】

$$A=\{1,\ 2,\ 3,\ \cdots\cdots,\ n,\ \cdots\cdots\}$$

$$\updownarrow\quad\updownarrow\quad\updownarrow\qquad\qquad\updownarrow$$

$$B=\{1^2,\ 2^2,\ 3^2,\ \cdots\cdots,\ n^2,\ \cdots\cdots\}$$

【ガリレオ・ガリレイ】

さて、AとBでは、どちらのほうが多くの要素を持っているだろうか?

有限の世界の感覚で言えば、もちろんAだと思われることだろう。Aの要素は1、2、3、……と「抜け」がない自然数の並びであるのに対して、Bの要素は1、4、9、……という飛び飛びの値なのだから、BはAの一部にすぎないと感じるのはごく当たり前の感覚だと思う。

しかし、両者の要素の数は実は「同じ」である。なぜなら、前頁の図のように2つのグループの要素は1つずつペアにすることができるからだ。これを**1対1対応**という（1対1対応については189頁でも詳しく解説する）。

イタリアの**ガリレオ・ガリレイ**は、この話題を『新科学対話』という書物で取り上げて、「一部分でしかないのに、ある意味では個数が等しいというのはおかしいけれど、これが有限と無限の違いである」と指摘した。これは人類が初めて無限の本質を捉えた考察だったと言われている。

無限を捉えた数学者

ドイツの**フリードリッヒ・ガウス**も無限を数のように扱うと（ガリレオが指摘したような）不合理を生むとして、無限はあくまで「無限に大きくする」のように副詞的に使うべきだと言っている。

ガリレオやガウスですらも持て余していた「無限」を初めて正面から捉えたのは**集合**

という概念を生み出したドイツ（生まれはロシア）の**ゲオルク・カントール**（1845〜1918）だった。

　集合とは「集まり」のことであるが、数学では「1〜10の整数の集まり」とか「じゃんけんの手の集まり」のように、何らかの定義によって**仲間であるか否かが明確に判断できる集まり**だけを指す。たとえば「綺麗なものの集まり」や「美味しいものの集まり」は、集まりに入るものと入らないものの区別がはっきりしないので、数学においては「集合」とは言わない。

　102頁のグループBのように自然数の集合（グループA）と1対1に対応させることができる集合のことを、番号が付けられるという意味で**可付番**（かふばん）**集合**あるいは**可算集合**という。カントールは、可付番集合の要素の数が自然数の集合の要素の数と「同じ」であることを**「濃度が等しい」**という言い方をして、可付番集合の濃度を$\aleph_0$（アレフゼロ）と名付けた。$\aleph$（アレフ）というのは、ヘブライ語のアルファベットの最初の文字である（カントールはユダヤ系だった）。ただしカントールの言う「濃度」は、英語では「cardinality」であり、「食塩水の濃度」などと言うときの化学の濃度（concentration）とは別の用語である。

　たとえば｛1、2、3｝という集合と｛a、b、c｝という集合は、どちらも3つの要

【有理数と無理数は濃度が違う】

自然数の集合

1, 2, 3, 4, 5, 6, 7, 8, ……

有理数の集合

$\frac{1}{1}, \frac{2}{1}, \frac{3}{1}, \cdots\cdots, \frac{1}{2}, \frac{2}{2}, \frac{3}{2}, \cdots\cdots, \frac{1}{3}, \frac{2}{3}, \cdots\cdots$

濃度$\aleph_0$（アレフゼロ）：可付番集合（可算集合）

無理数の集合

$\sqrt{2}, \sqrt{3}, \sqrt{5}, \cdots\cdots, \sqrt{2}-1, \sqrt{3}-2, \cdots\cdots,$

$\frac{1}{\sqrt{2}}, \frac{3}{\sqrt{2}}, \cdots\cdots, \frac{1}{\sqrt{3}}, \frac{2}{\sqrt{3}}, \cdots\cdots, \pi$（円周率）, ……

濃度$\aleph_1$（アレフワン）

【ゲオルク・カントール】

【フリードリッヒ・ガウス】

素を持っている。このとき、2つの集合は「cardinality（カントール流の「濃度」）が等しい」と言う。

つまり、有限集合の場合は、「cardinality」とは（集合に含まれる要素の）**個数のこと**である。ではなぜ日本語では「個数」という訳語を付けなかったかというと、無限に大きい集合に対しては、「〜個」と個数をいうのは違和感があるからだろう。

自然数の集合と「cardinality」が等しいとは、**自然数と1対1対応がつけられる、**という意味である。もしある無限集合C（要素の個数が無限である集合）の要素を数直線の「1、2、3、……」の位置に1つずつ置いていったとき、あぶれてしまうものがあるとしたら、そのあぶれたものは数直線上の自然数以外の場所（0・5とか$\sqrt{2}$とか）に置かざるを得ない。

そうなると、無限集合Cの要素が数直線上に並んだ様子は、自然数のそれとは混み具合が違う感じがする——無限集合Cの方が混雑している——。「cardinality」に「濃度」という訳語を付けたのはそんな印象からだと思う。

「我見るも、我信ぜず」

カントールは、負の整数も含む整数全体や**有理数**（分母と分子が共に整数の分数で表わせる数）の集合の濃度も$\aleph_0$（アレフゼロ）であることを示した。次にカントールは、**無理数**（有理数ではない数）の集合の濃度は$\aleph_0$（アレフゼロ）よりも濃いことを示し、その濃度を$\aleph_1$（アレフワン）とした。実は、直線に含まれる点の数も、平面に含まれる点の数も、空間に含まれる点の数もすべて同じ濃度$\aleph_1$（アレフワン）になる。この結論に至って大変驚いたカントールが、友人に宛てて書いた**「我見るも、我信ぜず」**という言葉は大変有名である。

私は「直線に含まれる点の数と平面に含まれる点の数は同じ＝無限の程度が同じ」という事実を初めて知ったときのことが忘れられない。当時高校2年生だった私は、日本を代表する数学者の1人である広中平祐氏が主催する「数理の翼セミナー」に東京都代表として参加していた。

このセミナーは、全国から集まった理数系好きの高校生たちと共に1週間ほど合宿し、その間、国の内外から招いた最先端の研究者の方々の講義を聴くという大変贅沢なもので

【無限の濃度とは?】

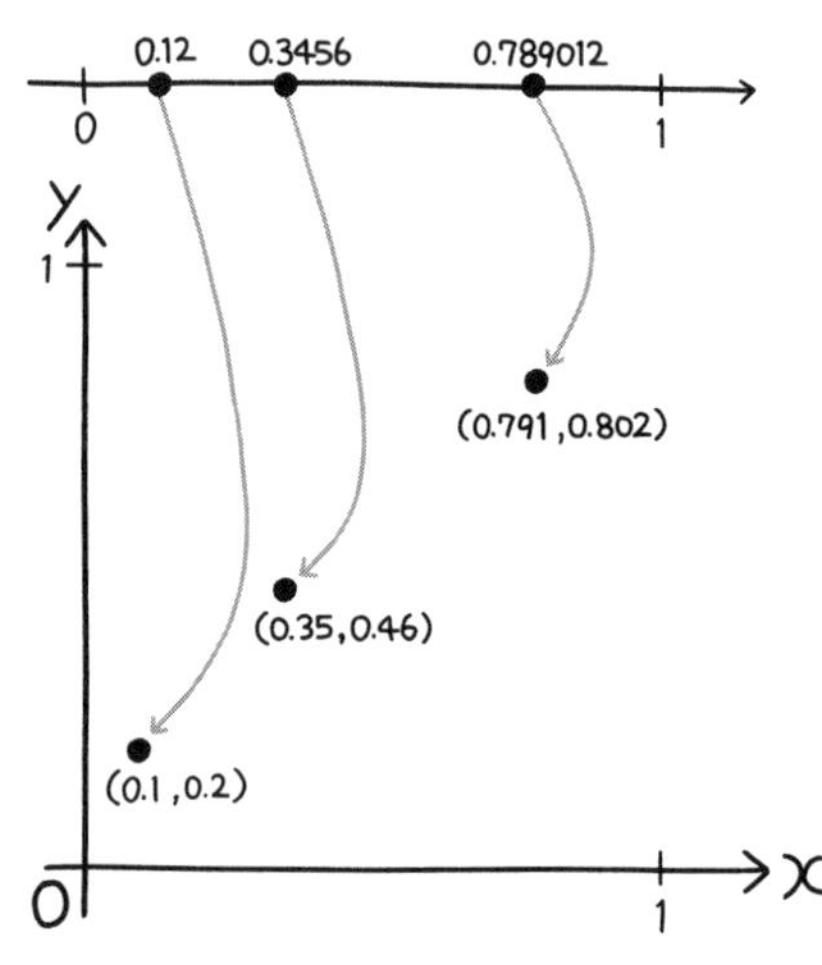

ある。高校生の私にとって、世界で活躍する研究者の話はどれも刺激的かつ新鮮で、知らないトピックだらけであった。

「無限の濃度」もそのうちの1つであり、当時は次のような説明を受けたと記憶している。

上の図のように、たとえば、数直線上の「0・12」という点は、座標平面上の(0・1、0・2)という点に対応させることができる。同じように小数点以下奇数位を並べて x 座標に、小数点以下偶数位を並べて y 座標にすれば、数直線上の「0・3456」という点は、座標平面上の(0・35、

0・46）に対応する。このような1対1の対応が数直線上のすべての点と平面上のすべての点の間で成り立つので、どちらも点の数は無限ではあるが、その「濃度は等しい」と言える。

これがどれだけ不思議なことであるかは、次の例を考えてもらうとわかると思う。

日本全国の夫婦の中から、東京都に住むすべての男性（夫）と全国津々浦々に住むすべての女性（妻）を集める。その後、男性には自分の妻を連れて家に帰ってもらう。そうすると東京都の男性がすべていなくなっても、多くの女性が残っているはずである。東京都は日本の一部であり、東京都以外に住む男性と結婚している女性もたくさんいるからだ。しかし、直線上のすべて点と平面上のすべての点が1対1に対応しているというのは、東京都の男性がすべていなくなると、男性よりもうんと多く集められているはずの女性もすべていなくなってしまうということを意味する。

私はそれまで、直線は点が集まったものであり、平面は直線が集まったものであるという認識を持っていただけに、直線に含まれる点の数と平面に含まれる点の数が同じ（＝濃度が等しい）ということがにわかには信じられなかった。しかし、反論のしようがないのもまた明らかだった。このとき私は、無限の世界には、有限の世界の「常識」が通用しないことを思い知ったのである。

無限の濃度は、$\aleph_0$（アレフゼロ）と$\aleph_1$（アレフワン）だけではない。実は、**ある濃度より「濃い」濃度を持つ無限集合はいくらでも作り出せる**ことがわかっている。そう、無限には無限通りの種類があるのだ（「無限通り」という言い方は無限を数のように感じさせてしまうという意味であまり良い言い方ではないが、ここでは「無限の濃度には数限りない種類がある」という意味である）。無限は「とても大きなある数」などではなく、有限の世界の尺度では想像もつかないような果てしない拡がりを持つ世界に存する無数の「数」の総称なのである。

偉大な数学者と弟子の対立

集合という概念が生まれたことで、「無限」は初めて科学的な議論の対象になった。カントールは、それまで神学者だけが入ることを許されていたエデンの園に、数学者のための門を開いた真のパイオニア（先駆者）だったのだ。

しかしこの天才が成し遂げた偉業は、あまりにも先進的すぎるが故に、生前にはほとんど真っ当な評価を受けていない。というより、そのアイディアは他の数学者の批判・攻撃の的になることも少なくなかった。中でも厳しく接したのは、こともあろうに、カントールを育てたドイツの**レオポルト・クロネッカー**だった。

本書でもすでに何度か登場している19世紀後半のドイツを代表する、偉大な数学者である。クロネッカーは当初、優秀な弟子であったカントールを可愛がり、カントールがハレ大学（ドイツ東部のハレ市にある大学）に就職する際には力も貸している。しかしカントールが無理数や無限といったものに研究の対象を広げていくにしたがって、クロネッカーはかつての愛弟子を「大ぼら吹き」「若者を毒する者」などと呼んで、敵対視するようになっていく。

なぜならクロネッカーは、整数で表せないものや有限ではないものは考えるに値しないと信じていたからだ。整数の分数（有理数）で表すことができず、小数点以下に不規則な数が無限に続く数などナンセンスだと断言している。

今では中学生が習う無理数を、150年前の世界をリードしていた数学者が認めていなかっ

【レオポルト・クロネッカー】

たというのは驚いてしまうが、それほど「終わりがないもの」「すべてを見ることができないもの」を数学的に扱うのは難しく、そして勇気のいることだったのだろう。

精神を病んだ晩年は……

カントールはかつての恩師の無理解と執拗（しつよう）な個人攻撃に心を痛めた。

追い打ちをかけるように後半生のカントールを苦しめたものがもう1つある。

それは「$\aleph_0$（アレフゼロ）と$\aleph_1$（アレフワン）の間には別の濃度は存在しない」という、いわゆる**「連続体仮説」**の証明である。「連続体」というのは、数直線を埋め尽くす実数（有理数と無理数を合わせた数の全体）の集合のことをいい、「連続体仮説」とは、**自然数より「多く」、実数より「少ない」要素を持つ無限集合は存在しない**という仮説である。

現在では「連続体仮説は証明も反証もできない」ということが明確に証明されている。

しかし、カントールは証明できるはずだと信じ、何度も挑戦し、敗れている。証明不可能なのだから当然なのだが、このことはカントールに数学者としての自信を失わせてしまう。

クロネッカーからの度重なる批判と「連続体仮説」の証明の失敗、この2つのストレスはカントールの心に暗い影を落とすようになり、ついには精神を病んでしまう。その挙げ句、晩年のカントールは突然、英国史と英文学の研究に没頭するようになった。テーマはシェイクスピアの戯曲の真の作者はイギリスのフランシス・ベーコン（1561～1626）であるという説を証明することだったとか……。

ドイツの数学者**ダフィット・ヒルベルト**（1862～1943）は**「なんぴとたりとも、ゲオルク・カントールが開いてくれた楽園から我々を追い出すことはできない」**と語った。

しかし、カントールが知性と想像の翼を使ってようやくたどり着いた「無限」の世界は、彼自身にとっては、楽園というより悪魔のすまう魔界だったのかもしれない。

【ダフィット・ヒルベルト】

不完全性定理を証明した完璧主義者

「私は嘘つきである」は本当か？

「自己言及のパラドックス」というのをご存知だろうか。

パラドックスというのは、正しく見える前提や論理から、納得しがたい結論が導かれてしまう問題のことをいう。「自己言及のパラドックス」の例として最も有名なのは**「私は嘘つきである」**という発言である。なんの変哲もない言い回しに思えるが、よく考えるとこの発言は矛盾している。もし、この発言が本当だとすると、

私は嘘つき↓「私は嘘つきである」という発言も嘘↓**私は正直者**

となるが、「私は嘘つき」という前提で始めたのに、「私は正直者」という結論が得られるのは矛盾である。では、この発言が嘘だとするとどうだろう。今度は

私は正直者→「私は嘘つきである」という発言も本当→**私は嘘つき**

となり、同様にやはり仮定と結論が矛盾する。

つまり、「私は嘘つきである」という発言に対しては、真(本当)であると言うことも偽(嘘)であると言うこともできない。

一般に**「この文は偽である」**という構造を持っている文は、真偽の判定ができない。これを「自己言及のパラドックス」という。他にも**「例外のない規則はない」**という規則や、**「この壁に張り紙をしてはならない」**という張り紙等の例が知られている。

ところで数学はどうであろうか? 数学において命題(客観的に真偽が判断できる事柄)であるのに、真偽の判定不能なものなどあるだろうか?

数学には「真であることが証明された事柄」と「偽であることが証明された事柄」のどちらかしかないというのは、多くの人に共通する認識だろうと思う。もちろん今現在、真

偽が判定できていない命題というのはある。ただそれは人間の能力の問題であり、やがては必ずどちらかに分類されるはずと思っている人は多いのではないか。

しかし**「数学には真であることも偽であることも証明できない命題が存在する」**ことを明らかにしてしまった人物がいた。それがチェコの**クルト・ゲーデル**（１９０６〜１９７８）である。

19世紀後半から20世紀初頭の数学界は一時期混沌とした状況にあった。図形への興味から生まれ、土木や航海の技術として発展した**幾何学**、未知なるものを求める方法としてスタートし、方程式論へと進んだ**代数学**、図形の求積と物理現象の解明のために必要とされた**微分積分学**、そして国を治めるために使われ出した**統計学**、ギャンブルにおける利益追求から生まれた**確率論**……等々が脈略なく生まれ、大きくなっていた。言わば、数学という名のビルに各々が雑居していたわけである。

そうした中、カントール（１０４頁）が打ち立てた集合の概念を使って、数学界を「再

【クルト・ゲーデル】

編」しようとする動きが強まっていった。

床屋のパラドックス

集合論こそ現代数学の源泉であるという気運が高まる中、「アリストテレス以来最大の論理学者」の呼び声高いイギリスの**バートランド・ラッセル**（1872〜1970）は集合におけるいわゆる「ラッセルのパラドックス」に気づく。この例としては次の「床屋のパラドックス」が有名である。

ある町には床屋が1軒しかない。またその床屋は男が1人で営業している。この床屋は自らにあるルールを課していた。それは**「自分でヒゲを剃らない町人のヒゲはすべて剃る。しかし、自分でヒゲを剃る町人のヒゲは剃らない」**というものである。

さて、この床屋のヒゲは誰が剃るのだろう

【バートランド・ラッセル】

か？　もし床屋が自分のヒゲを剃ることにすると「自分のヒゲを剃る町人のヒゲは剃らない」に矛盾する。かと言って、自分では剃らないことにすると「自分のヒゲを剃らない町人のヒゲはすべて剃る」に矛盾してしまう。床屋は自らが課したルールによって、自分のヒゲを剃ることも剃らないこともできなくなってしまうのだ。

【アルフレッド・ノース・ホワイトヘッド】

　こうしたパラドックスを避けるために、ラッセルは師である**アルフレッド・ノース・ホワイトヘッド**（１８６１～１９４７）と共に、全3巻から成る**『プリンキピア・マテマティカ』**を著した。この本は、集合論に基づいて、人類が得た数学の全体を統合し、それらを記号だけで証明しようという、それはそれは壮大なコンセプトで書かれている。

　そして、なんと「１」を定義するためだけに、最初の1巻のほとんどが使われている。もちろん、その後はスピードを上げて、もっと高度な数学的な概念が次々に登場するが、最後は「ここから先は同様に導ける」との記述とともに（やや匙(さじ)を投げた感じで）未完に終わっている。

スタンプが5個未満の場合に景品は……

今、さらりと**「記号だけで証明」**と書いたが、実はこれもラッセルたちの非常に大きな仕事である。その基礎となるのが121頁に紹介する**「真偽表」**だ。

たとえば、「集めたスタンプが5個以上ならば景品がもらえる」という約束のスタンプカードを持っているとする。ここで「集めたスタンプが5個以上」をP、「景品がもらえる」をQとして、PとQのそれぞれの真偽と「P⇓(ならば)Q」の真偽がどのような関係になっているかを考えてみよう。

①　集めたスタンプが5個以上（Pが真）のとき、景品がもらえる（Qが真）のは、命題の通り（約束通り）なので、「P⇓Q」は真。

②　集めたスタンプが5個以上（Pが真）なのに、景品がもらえない（Qが偽）のは、命題に反するので「P⇓Q」は偽。

③　集めたスタンプが5個未満（Pが偽）で、景品がもらえない（Qが偽）のは、命題の通り（約束通り）なので「P⇓Q」は真。

と、ここまではあまり違和感がないと思う。しかし、最後の④は最初誰もが納得するのが難しい。

④　集めたスタンプが5個未満（Pが偽）なのに、景品がもらえる（Qが真）というのは、「それならあんなに頑張って集めなくてもよかった！」と怒られてしまうかもしれない。しかし、最初の命題（約束）は、スタンプが5個未満のときについては何も言っていない（景品がもらえないとも言っていない）ので真であると考える。

やや屁理屈に聞こえるかもしれないが、プレゼントが余ってしまって、主催者側がスタンプが5個未満の客にも景品を配ってしまうことを、最初の約束は禁じてはいない。つまり、③と④を合わせて見ればわかる通り、スタンプが5個未満のときは（何も言っていないので）景品がもらえてももらえなくても命題（約束）は真なのだ。

【真偽表】

	P	Q	P⇒Q
①	真	真	真
②	真	偽	偽
③	偽	偽	真
④	偽	真	真

「意味論的方法」と「構文論的方法」

①～④のように、各条件の意味を考えて命題の真偽を判断する方法を**「意味論的方法」**（semantics）という。

ただし、意味論的方法ではどうしても日常的に使っている言葉の意味が判断に入り込んできてしまう。それは時に曖昧であり、白とも黒とも判断しづらい玉虫色の様相を呈することがある。これは完璧を目指す数学においてはよろしくない。

そこで、日常では使わない「記号」

を新しく作り、命題を記号だけで表したらどうかというアイディアが生まれた。「真偽表」はその第一歩である。これを使えば、さまざまな命題の判定を機械的に行うことができる。やがて、記号をたよりに、まるで「計算」をするみたいに証明を進める方法も編み出された。これを**「構文論的方法」**（syntax）という。

　構文論的方法では、意味をまったく考えず、ただ定めたルールにしたがって**形式的に証明を行う。**一度ルールを決めてしまえば、自動的に証明が進んでいくので、**気をつけるべきは、スタート段階における公理**（**前提**）**である。**万が一、公理が矛盾を含んでいたら（誤っていたら）、そこから（自動的に）得られる結論も間違いになってしまう。

【ジョージ・ブール】

【ゴットロープ・フレーゲ】

数学の証明における構文論的方法は、イギリスの**ジョージ・ブール**（1815〜1864）やドイツの**ゴットロープ・フレーゲ**（1848〜1925）らによって整備され、ラッセルたちの『プリンキピア・マテマティカ』によって1つの完成をみた。

ゲーデルの「不完全性定理」

集合論に基礎をおき、パラドックスを含まない完璧な数学を構築しようとしたラッセルの大志は、ドイツの**ダフィット・ヒルベルト**に受け継がれていく。ヒルベルトは「完璧な数学」を実現するためには、次の2点を示す必要があるとした。

① 構文論的方法において、真であることも偽であることも証明されない数学の命題は存在しない

② 『プリンキピア・マテマティカ』において明示された公理系には矛盾がない

①を**「完全性」**、②を**「無矛盾性」**という。

しかし、前述の通り、①はゲーデルによって否定される。1つの体系の中で形式的に証明が行われる構文論的方法において**「真であることも偽であることも証明できないような命題が存在する」**ことが示されてしまったのだ。これを**「ゲーデルの第一不完全性定理」**という。さらに、この第一不完全性定理をもとに、②についても**「公理系が無矛盾であることは、その公理系内では証明不可能である」**ことも導かれた。こちらは**「ゲーデルの第二不完全性定理」**という。

ゲーデルの不完全性定理の証明は非常に難しい（正直申し上げて、私も100％理解できているかどうか不安がある）。それを説明していると（かいつまんだとしても）、1冊の本ができてしまう。そこで、興味のある方には『不完全性定理とはなにか』（竹内薫著、講談社ブルーバックス）をおすすめする。相対性理論や量子論に並ぶほど難解なこの理論について、これでもかというくらいに嚙み砕いて書かれている。また、さらに詳しく勉強したい人向けの参考書の紹介も豊富である。

ここでは――途中をすっ飛ばして――ゲーデルが「第一不完全性定理」で示した結論を紹介しよう。それは、自然数を扱うシステムにおける形式的な構文論的方法を考えると

【「不完全」とは】

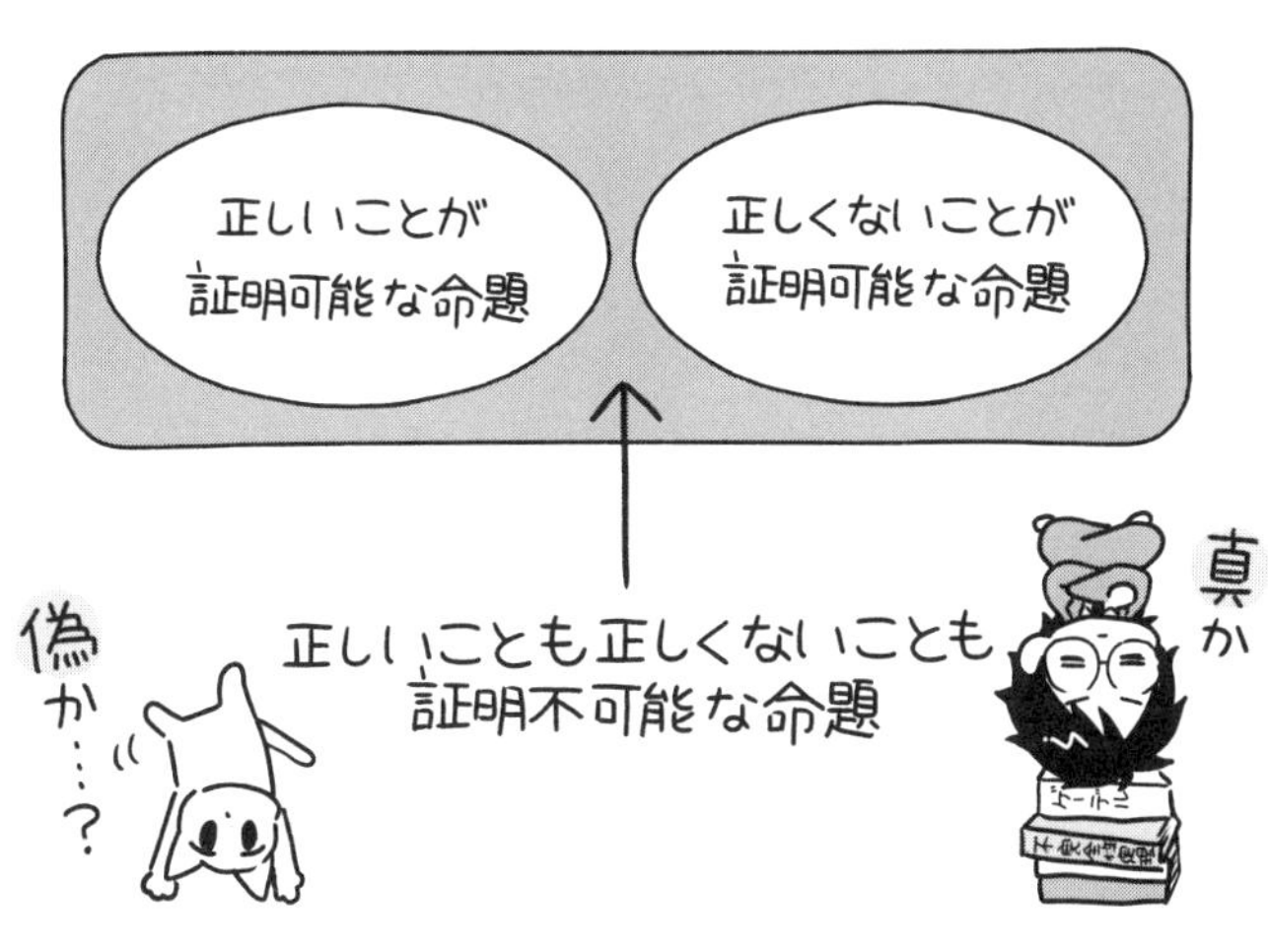

（別のものを扱うシステムでは完全性は否定されないこともある）、**「この命題は証明できません」という命題が存在する**というものだった。勘の良い読者なら、お気づきだろう。これは冒頭に紹介した「私は嘘つきである」に代表される「自己言及のパラドックス」と同じ構造になっていて、肯定も否定もできないのだ。

ゲーデルの不完全性定理は、そのショッキングなネーミングのためか、しばしば本来の意味を離れて単語だけが一人歩きをして、「数学は間違っていることが証明された」とか「人間の理性の限界が見えた」などとまことしやかに言われてしまうことが少なくない。しかし、これはまったくの誤解である。

ここでいう「完全性」は、123頁の①の意味に限定されている。「ゲーデルの第一不完全性定理」は、図で書けば、前頁の図のグレーの領域に含まれる命題が存在するということを言っているに過ぎない。もちろんこの定理によって、数学が破綻したわけではないし、今まで正しいと思われていたことが実は間違っていた、ということもない。

完璧主義者の晩年

さらに言えば、ゲーデルが構文論的方法という形式的な証明における「不完全性」を示したことは、その後の数学や論理学はもちろん、計算機科学にも長足の進歩をもたらした。計算機が命令を理解し、判断を積み上げるのは、まさに形式的だからである。特にコンピュータの基礎となる部分を理論化し、「人工知能の父」とも言われる**アラン・チューリング**（1912〜1954）には大きな影響を与えたと言われている。

余談だが、ゲーデルが「第一不完全性定理」を発表した場には、80頁で紹介したノイマンがいた。ノイマンはこの難解な理論の意味するところを立ちどころに理解し、やがてゲーデルとほぼ同時期に、独力で「第二不完全性定理」に到達したというからさすがである。

ノイマンはゲーデルに敬意を表し、世間に発表することを控えた。かわりに自らが得た結論を知らせるべく、ゲーデルと手紙のやりとりをしたところ、手紙を送る3日前に、ゲーデルの「第二不完全性定理」の論文が受理されていたことを知る。自分に先んじたゲーデルのことを、ノイマンは生涯にわたり尊敬していたそうである（と言っても、「本家」はゲーデルなのだからゲーデルが先を超すのは当然だと思うが……）。

ゲーデルは、30代半ばを過ぎたころ、激しさを増すナチスのユダヤ人迫害から逃れるため、妻のアデルと共にアメリカに亡命している。保証人はアインシュタインだった。当時は、アメリカの市民権を獲得するためには、米国憲法に関する面接試験があったそうだが、ゲーデルは試験当日「憲法を勉強したところ、アメリカは合法的に独裁国家に移行できる可能性を秘めていることがわかった」などと周囲に漏らし、アインシュタインを慌てさせたらしい。

ゲーデルは完璧主義者であり、神経質だった。

【アラン・チューリング】

特に晩年はその傾向が強くなっていく。アデルが作った食事以外は口にしなくなり、毒ガスによる暗殺を恐れて、冬でも部屋の窓を開けっ放しにしていたそうである。そして最後は、アデルが病院に入院している間に絶食による飢餓状態となり、亡くなってしまう。このときゲーデルの体重はわずか29・5キログラムだった。

3章
とてつもない芸術性

数学の美しさは内的快感にある

もしも数学が美しくなければ……

作曲家のチャイコフスキーは次のように言った。

「もしも数学が美しくなかったら、おそらく数学そのものが生まれてこなかったであろう。人類の最大の天才たちをこの難解な学問に惹きつけるのに、美の他にどんな力があり得ようか」

さて、あなたは「数学は美しい」と言われたらどう思うだろうか。確かにそうだ、と思うだろうか。それとも全然そんな風には思わないだろうか。ちなみに私は数学を美しいと感じている。

広辞苑を引くと「美」の項目には**「知覚・感覚・情感を刺激して内的快感をひきおこすもの」**とある。では、数学の何が「内的快感」をひきおこすのだろう？　それは数学が持つ次の４つの性質に負うところが大きいというのが私の持論である。

①　対称性
②　合理性
③　意外性
④　簡潔さ

①対称性について

もし東京タワーや富士山が左右非対称だったら、これほどたくさんの人を魅了することはなかっただろう。

数学では、ある直線に関して折り返したときにピッタリ重なる図形を**線対称**な図形、

【対称】

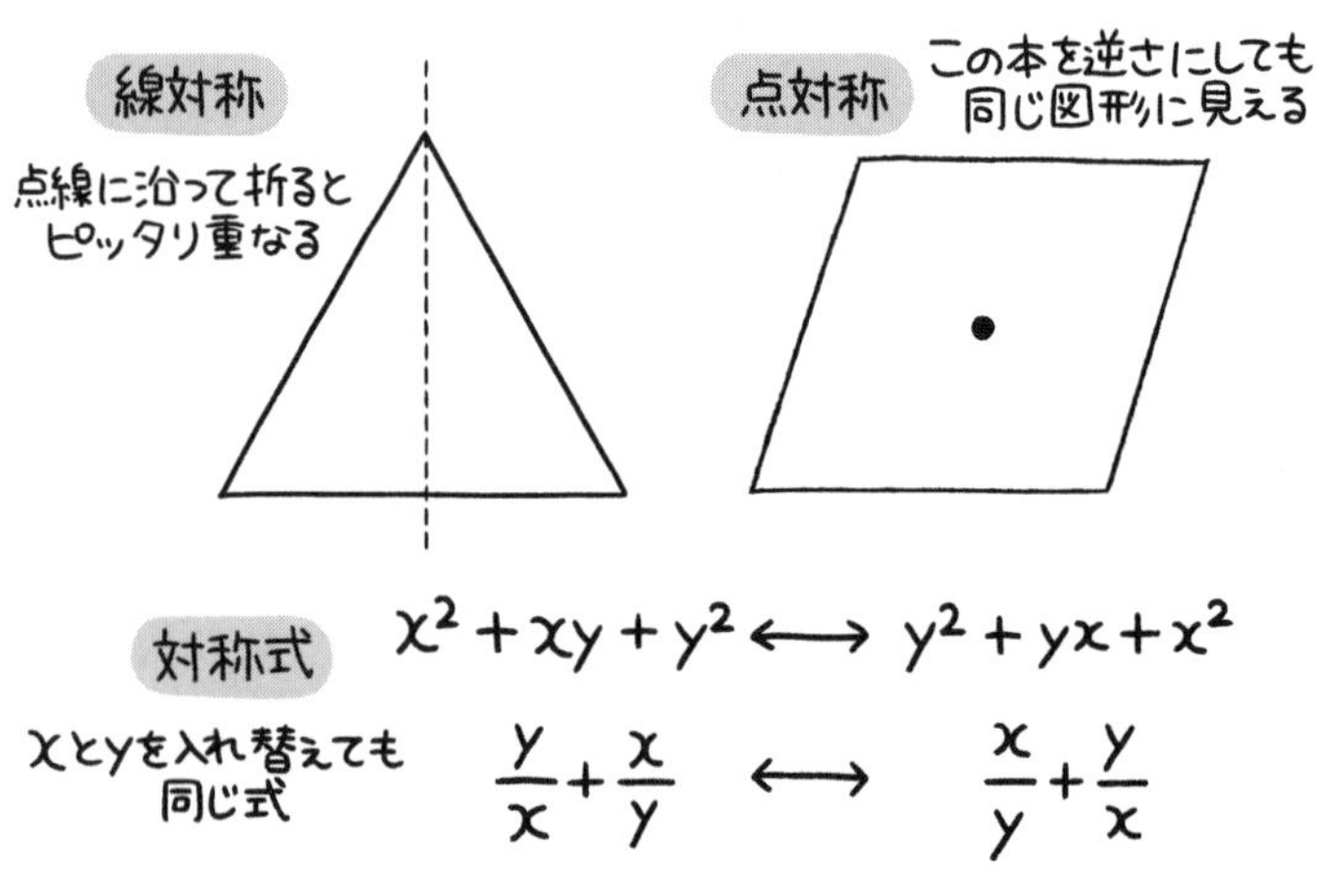
線対称
点線に沿って折ると
ピッタリ重なる
点対称
この本を逆さにしても
同じ図形に見える
対称式
xとyを入れ替えても
同じ式
$x^2+xy+y^2 \longleftrightarrow y^2+yx+x^2$
$\frac{y}{x}+\frac{x}{y} \longleftrightarrow \frac{x}{y}+\frac{y}{x}$

ある点を中心にして180度回転したときに回転前とピッタリ重なる図形を**点対称**な図形と言う。また、数式においては、文字を入れ替えても元と同じ式になる式を**対称式**と言う。図形や数式の中に対称性が認められるとき、美しいなあと感じるのはごく自然なことだと思う。

②合理性について

突然だが、**「ツバメが低く飛んだら雨」**という言い回しを聞いたことはないだろうか？　このように身近な自然現象から天気の様子を予測するこ

【問題】

下の図のxの長さを求めなさい。

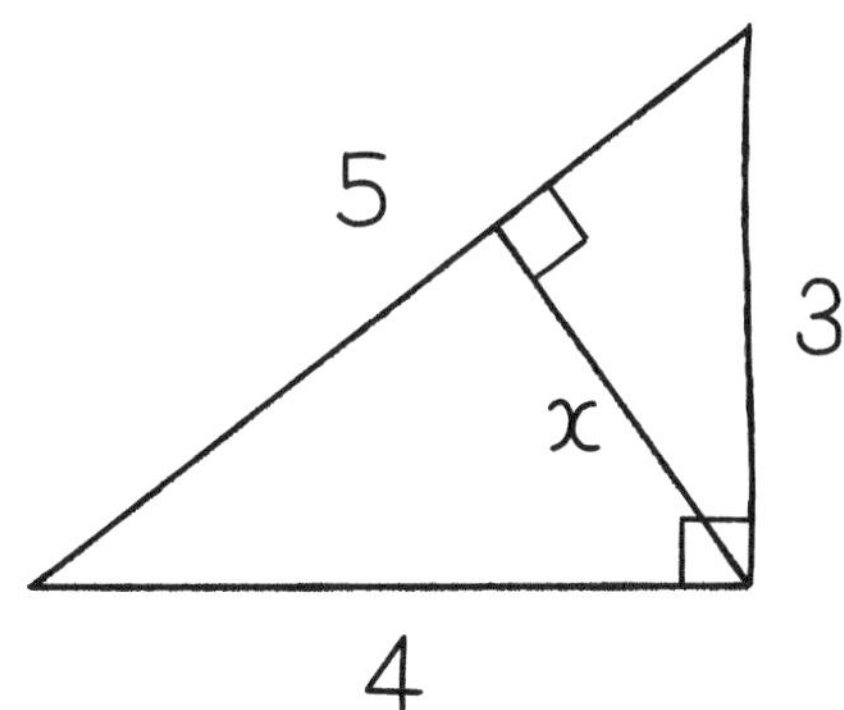

とを観天望気（かんてんぼうき）と言う。経験からくる生活の知恵かと思いきや、ちゃんと理由がある。雨を降らせる低気圧が近づくと、水分を多く含んだ空気が地表近くに流れ込んでくるため、ツバメのエサとなる昆虫は湿った空気で羽が重くなり高く飛べなくなってしまう。よって、昆虫を食べようとするツバメも低空を飛ぶことになるというわけだ。

私はこうした合理的な説明を聞くと「なるほど！」と納得すると同時に、「気持ちいい」と感じることが多い。誰もが同じ感覚ではないことは知っているが、古代ギリシャのユークリッドの『原論』によって体系立てられた

「論理的思考の方法」が、現代まで綿々と受け継がれ発展してきたのは、何よりその合理性を「気持ちいいと感じる＝内的快感を覚える」人間が決して少なくなかったからだと思う。

私が合理性を好むのは、納得の他にも理由がある。それは、**筋道が違っても同じ結論に至る**ところだ。

たとえば、前頁の図のような問題があるとする。これを解く方法は1つではない。パッと考えつくものだけでも、次頁の図のように面積を2通りに表す解法と、図形の相似（大きさは問わず形が同じこと）を利用する解法とがある。

合理的であるというのは、言い換えれば（論理的思考で取り組めば）誰でも同じ結論に至ることを意味する。しかも道筋の選び方は（論理的でありさえすれば）自由である。これが私には嬉しい。

仮に、あなたが通うことになった料理教室の先生が非合理的な人物だとしよう。その先生は何でも自分の思う通りにやらせようとする。野菜の洗い方や切り方、食材の分量の測り方、調味料を入れる順番に至るまで細かく指示を出し、他の方法は一切認めてくれない。少しでもやり方が違うと、ひどく怒り出す始末。

【解法】

【解法1】面積に注目する方法

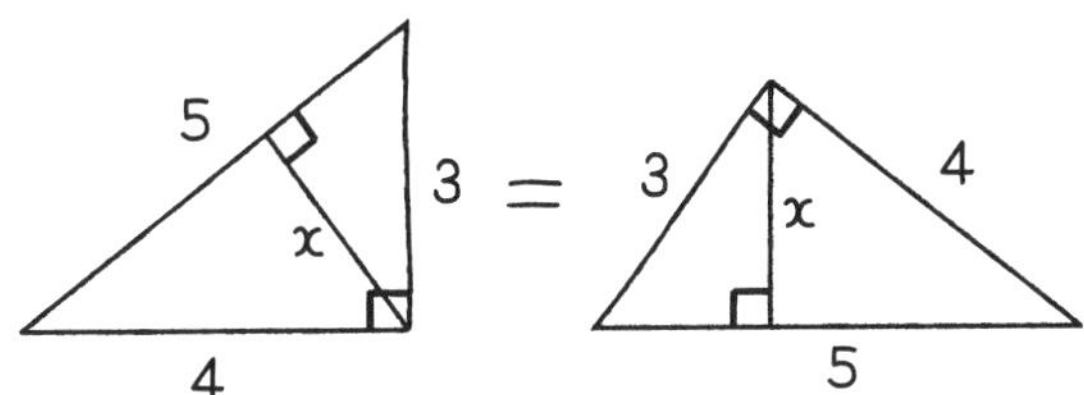

与えられた直角三角形の面積は斜辺（長さが5の辺）を底辺にしても面積は変わらないから、底辺×高さ×$\frac{1}{2}$で

$$4\times3\times\frac{1}{2}=5\times x\times\frac{1}{2} \Rightarrow x=\frac{12}{5}$$

【解法2】相似な三角形に注目する方法

下の図で△ABCと△ADBは相似（形が同じ）なので、

$$AC : CB = AB : BD$$

$$\Rightarrow 5 : 3 = 4 : x$$

$$\Rightarrow 5x = 12$$

$$\Rightarrow x = \frac{12}{5}$$

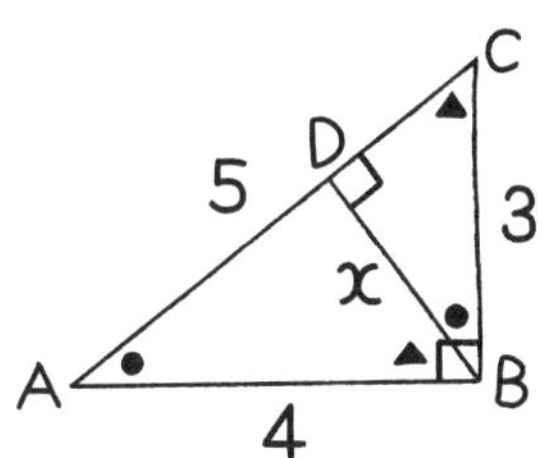

それだけではない。同じ料理であるのにも関わらず、日が違えば指示の内容が違うことすらある。これでは生徒はたまったものではない。いつも先生の顔色を伺わなければならず、料理教室は窮屈でストレスの多い習い事になってしまうだろう。

しかし、料理教室の先生が合理的な人物であれば、きっといろいろな方法を認めてくれるはずである。事実、美味しい料理ができあがる道筋は1つではないはずだ。もしかしたら先生が用意してくれたレシピより、さらに味が良くなる工夫ができるかもしれない。先生が合理的であれば、そういう工夫も喜んで受け入れて、褒めてくれるだろう。こういう料理教室なら楽しいに違いない。毎回、「今度はどんな工夫ができるだろう？」とワクワクする。

合理的であることは思考の自由につながるのだ。だから「内的快感」となる。

③意外性について

数学を学んでいると、しばしば意外な事実を発見する。

たとえば、奇数を1＋3＋5＋……と足し合わせていくと、どこでやめても必ず平方数

【どこでやめても平方数】

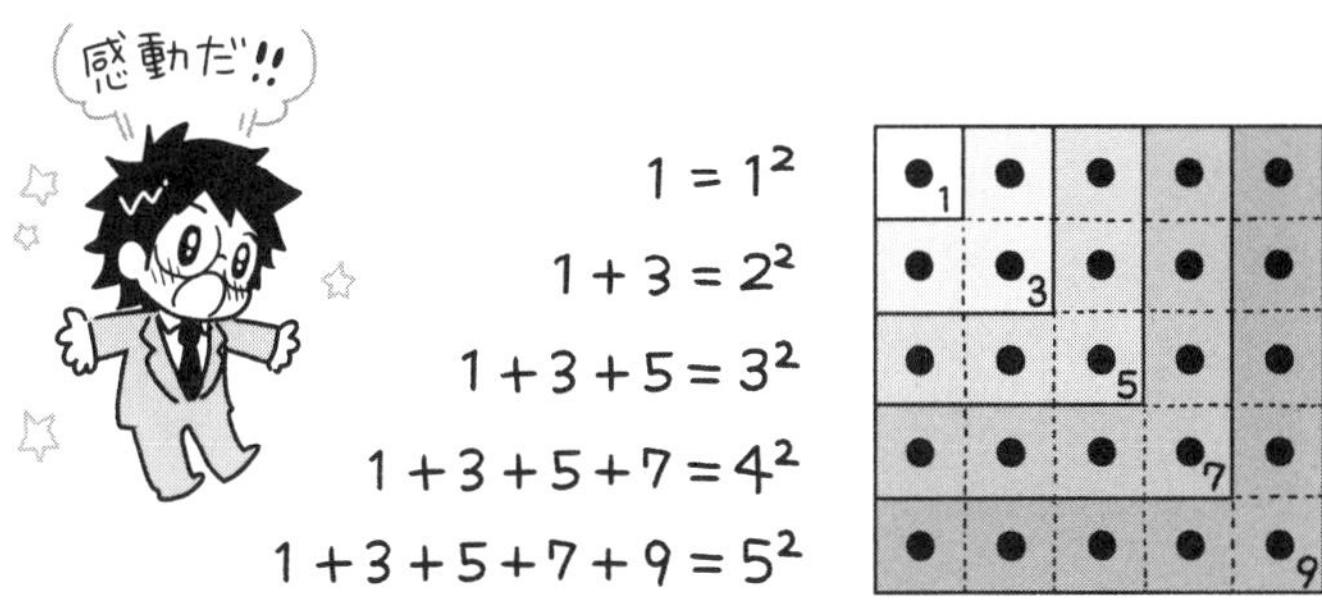

正方形に並んだ「●」を逆L字の形に取り囲むようにして「●」を加えると、加えた「●」は必ず奇数になり、その結果できあがる「●」は、再び正方形の形に並ぶ。

（整数の2乗になっている数）になるのだが、これを即座に「当たり前だ」と思える人はそう多くないと思う。

ちなみにこのことは上の図を見ていたければご理解いただけると思う。

1＋3＋5＋……と奇数を足していくことは、上の図で「1」に逆L字の部分をつけ足していくことと同じである。その結果できあがる図形はいつも正方形になるので、含まれる「●」の数は必ず平方数になるのだ。

最初に直観できなかったことを、論理的な説明によって納得すると「おお！」という感動がある。これはまさに「内的快感」の1つである。

対して最初から当たり前に思えることをくどくどと説明されるのは、退屈してしまうだけかもしれない。少なくともそこに快感はないだろう。

１０７頁に書いた通り、集合論の父であるカントールは、自分の発見した結果に大変驚き、友人に「我見るも、我信ぜず」と書き送った。数学的な思考の末に意外性のある真実を発見することが「内的快感」をひきおこし、そこに「美」を感じる人がいても不思議はない。

④簡潔さについて

数学に美しさを感じる最大の理由はその「簡潔さ」にあるかもしれない。

〝Less is More（より少ないことは、より多いことである）〟という言葉をご存知だろうか。デザイン業界では昔から使われている表現らしい。もとはロバート・ブラウニングという19世紀のイギリスの詩人が作中で使った言葉だとか。デザインはゴテゴテと飾り立てるのではなく、シンプルな方がいいという意味であろう。〝Simple is Best（単純であることが最良である）〟に通じる表現である。

【ゴールデンゲートブリッジ】

参考：pixabay（https://pixabay.com/ja/photos/サンフランシスコ-3394454）

レオナルド・ダ・ヴィンチ（1452〜1519）も**「シンプルである事は究極の洗練だ」**という言葉を遺している。

また J-POP のレジェンドである桑田佳祐氏も、かつてインタビューで**「本当に良い歌っていうのは、ギター1本で成立するもんなんです」**と語っていた。

一過性の流行に乗る必要があるときは、あえていろいろな要素を足して飾ることが必要かもしれない。

しかし時代を超える普遍的な美を追求するのであれば、やはり簡潔性が必要なのだと思う。

たとえば、サンフランシスコのゴールデンゲートブリッジ（前頁の図）は80年以上前に建設されたものであるにも関わらず、今も「世界一美しい橋」と呼ばれることが多い名橋である。その姿は、これ以上何かを削ったら橋として成り立たなくなるのではないか、と思わせるほど一切の虚飾を排したものだ。

20世紀の後半に日本のインダストリアルデザインを牽引した柳宗理氏（1915～2011）はこの橋を「引き算の美学に貫かれている」と評した。どうやら、シンプルであること、簡潔であることが普遍的な美しさに通じるのは間違いないようだ。

数学者をはじめ、科学者にとって宇宙の普遍的な真実を解き明かしたいというのは、最も根源的なモチベーションである。そして、普遍的な真実は簡潔であり、美しいはずだと信じている。

実際、これまで過去の数学者たちが見つけてきた定理や公式は、簡潔なものがとても多い。その一例を紹介しよう。

空間における立体の頂点、辺、面の数を数えてみると、凸多面体（くぼみのない多面体）の頂点(vertex)の数をV、辺(edge)の数をE、面(face)の数をFとすると「$V-E+F=2$」という非常にシンプルな数式が成立する（次頁の図参照）。これを**「オイラーの多面**

【オイラーの多面体定理】

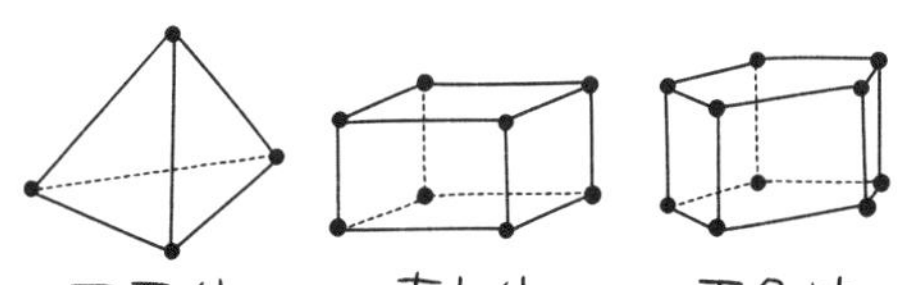

	頂点(Vertex)	辺(Edge)	面(Face)	V-E+F
四面体	4	6	4	2
直方体	8	12	6	2
五角柱	10	15	7	2

シンプル!

どのような多面体でも $V - E + F = 2$（V：頂点の数、E：辺の数、F：面の数）が成立する。

体定理」という。

このように、一見複雑に見えてもその本質は実はシンプルだということが数学には少なくない。そして、その簡潔さが普遍的な真実と相まって、見るものに美しさを感じさせるのだ。

数学的でありたいと願う心は、美しくありたいと願う心にとてもよく似ている。そして、美しくありたいと願うためには美しさを感じる心が必要であるように、数学的でありたいのなら、数学的であることの素晴らしさや美しさを感じる感性を磨く必要があるように思う。

ピタゴラスと数秘術

数字にはキャラクターがある!?

誰でも親しみを感じる数字というのがあると思う。誕生日だったり、昔からなんとなく好きな数字だったり、好きなスポーツ選手の背番号だったり。私は「8」が好きだ。理由は、漢字の「八」は末広がりで縁起がいいからということもあるが、野球少年だったときに大好きだった、ジャイアンツの原辰徳選手の背番号だったことが大きい。

ちなみに8の1つ前の「7」は、ラッキーセブンと言われ好かれることが多い数である。しかし、私にはどこか孤高の、人を寄せつけないオーラを感じさせる数であり、あまり馴染めないイメージがある。一方、8の1つあとの「9」に対しては、いつも仲良くしてくれるわけではないものの、仲間内では非常に頼もしく、窮地に立ったときにはぜひ助けに来てほしいような心持ちになる。

私はいろいろな数についてこのようなイメージを持っている。無理やりキャラクターを設定したのではなく、いつの間にか自然にできあがった。こんなことを書くと、変な人、と思われるかもしれない。でも、こうしたことは――聞いて回って確かめたわけではないが――おそらく数字が得意な人皆に共通するはずだ。1つ1つの数に感じるイメージはそれぞれ独特だったとしても、少なくとも「7」も「8」も「9」も印象が同じ、ということはないと思う。

音楽が好きな人は、演奏の良し悪しを聞き分ける。料理が好きな人は、微妙な塩加減や火加減の違いを味わえる。同じように数字が好きな人は、数字の持つキャラクターの違いに敏感なのである。

ピタゴラスの発見

古代ギリシャのピタゴラスとその弟子たちの隆盛は、散歩中のピタゴラスが、鍛冶屋が鉄をたたく音には綺麗に響き合うものとそうでないものとがあることに気づいたところから始まった。ピタゴラスたちはさっそく鍛冶屋のもとを訪れ、なぜ音が違うのかを調べた。すると、それぞれの鍛冶職人が使うハンマーの重さが違うからだということがわかった。さらに詳しく調べてみると、思いもよらない事実が判明する。なんと、綺麗に響き合うときには、ハンマーの重さの比が「2：1」とか「4：3」のような簡単な整数の比になっていたのである。

ピタゴラスたちが、この事実に大いに驚き、感動したであろうことは想像に難くない。人間が自然と美しいと感じる音程（2つの音の高さの違い）が、簡単な整数を使って説明できるなんて！　神様に仕掛けられたイタズラを見つけたような気持ちになったのではないか。そして、神様が「イタズラ」に使った数字（整数）こそ、**神の言葉**であると考えたとしても、不思議はないと思う。

生年月日の数字を足して占う

実際ピタゴラスとその弟子たちは程なくして「万物の源は数である」と考えるようになり、整数自体を神のように信仰するようになる。それはやがて1～10の数字に次のような意味付けをする**「ピタゴラス数秘術」**に発展した。
数秘術とは、西洋占星術や易学等と並ぶ占術の1つで、ピタゴラス式の他はカバラ式等が有名である。現代の数秘術が定める数の意味は流派によって違いがあるが、ピタゴラスたちが行った意味付けはおよそ次のとおり。

1：理性　2：女性　3：男性　4：正義・真理　5：結婚
6：恋愛と霊魂　7：幸福　8：本質と愛　9：理想と野心
10：神聖な数

ピタゴラス数秘術を使った最も一般的な占い方は、生年月日の数字をすべて足し算した結果（2桁の数字になる）の各位の数を足して、最後に出てきた数字の意味を見るという方法である。たとえば、1974年7月18日生まれなら、

1＋9＋7＋4＋7＋1＋8＝37　→　3＋7＝10

となり「10」を得るので「完全・宇宙」ということになる。
数字を直接計算にあてはめることもできる。

2＋3＝5　「女性＋男性＝結婚」
2×3＝6　「女性×男性＝恋愛」
4＋5＝9　「正義＋結婚＝理想」

なかなかよくできていると思ってもらえるのではないだろうか。ぜひ他にもいろいろやってみてもらいたい。もちろんピタゴラス数秘術におけるそれぞれの数の意味を大真面目に捉える必要はないが、こういうことを通して数字に血を通わせることができれば、それはそれで意味があるように思う。

なぜ弟子は殺されたのか？

数が神格化されていく中、ピタゴラスの弟子のヒッパソスという人が、ある直角二等辺三角形の斜辺（直角の向かい側の辺＝一番長い辺）の長さは、どうやってもそれまでに発見された数（分母も分子も整数の分数で表せる数＝今で言う有理数）では表せないことに気づいてしまう。

しかも皮肉なことに、その数の存在はピタゴラスが証明した定理（三平方の定理：次頁の図）によって明らかになったのだった。ヒッパソスの報告を聞いたピタゴラスとその弟子たちは、そんなことはあるわけがないと総出で検証したのだが、どうやらヒッパソスの報告に間違いはないという結論に達する。

一説によると、これを聞いたピタゴラスは非常に驚き、弟子一同にこの数の存在を口外しないように命じた上でヒッパソスを殺害してしまったとか……。

これが事実なら、どうしてピタゴラスはそこまでする必要があったのだろうか？

今日では、有理数ではない数のことを無理数と言う。無理数は$\sqrt{2}$＝１・１４１４２１３５６……のように小数点以下に不規則な数字が永遠に続くため、その値を正確に捉えることが困難である。しかし無理数は――たとえば直角を挟む2辺が「１」である直角二等辺三角形の斜辺の長さとして――確実にこの世に存在する。

一方、古代ギリシャというのは、数学によってさまざまな事実が初めて厳密に証明され

【三平方の定理】

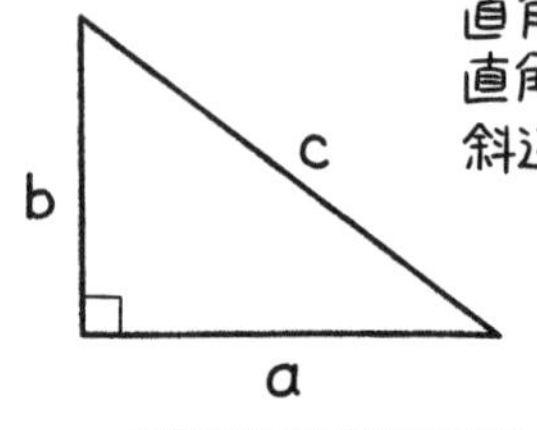

直角三角形の3辺の長さについて
直角を挟む2辺の2乗の和は
斜辺の2乗に等しい。

$$a^2 + b^2 = c^2$$

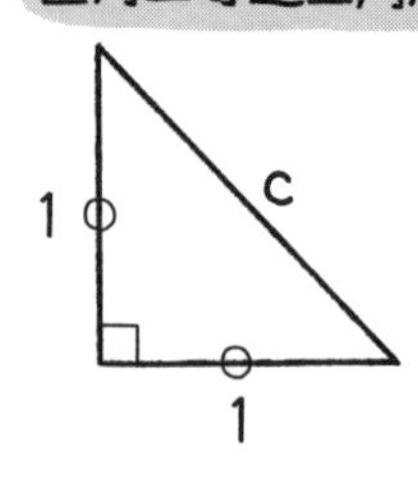

$$1^2 + 1^2 = c^2$$
$$\Rightarrow \quad c^2 = 2$$
$$\Rightarrow \quad c = ?$$

（本当は$c = \sqrt{2}$）

るようになった時代である。数学ほど確かなものはないと多くの人が思ったことだろう。そんな時代の中心にいたピタゴラスにとって、正確な値がわからない無理数の存在は許せなかったのかもしれない。

もっと言えば、（シンプルであるべきだという彼の美意識に反して）小数点以下にどこまでも不規則に数字が並ぶような「数」は存在してはならなかったのだ。ちなみに、107頁で紹介したように、今では有理数の濃度よりも無理数の濃度の方が濃く、無理数は有理数よりもはるかに多く存在することがわかっている。

数学者と音律の意外な関係

美しく響き合う音程と、整数の不思議な関係の発見から、ピタゴラスと弟子たちは「ドレミファソラシド」（**音階**）を発明した。音階の最初のドから最後のドまでの間（1オクターブ）に、音の高さに応じて間の音（レミファソラシ）を配置するルールを**音律**という。

ピタゴラスたちはハンマーの重さが「3：2」になるときの音程（ドとソ）をもとに音律を作った。実は、音律の定め方にはいろいろな方法がある。逆に言えば、今のところ完璧な音律というのは存在しない。

ここで言う「完璧な音律」というのは、複数の音が同時に鳴ったときの響きの美しさと、メロディーとして聞いたときの美しさが両立するような音律のことである。

音律を作るには等比数列や累乗根（$x^n=a$の解）などの知識が必要になるので、音律は数学者と関係が深い。事実、**ヨハネス・ケプラー**や**レオンハルト・オイラー**なども独自の音律を残しているし、日本でも和算家の**中根元圭**（げんけい）（1662～1733）が1オクターブを12に分けた音律（いわゆる平均律）を発明している。

数学は音楽や天文学だった？

「数学」の語源

改めて「数学」という言葉の語源について書いてみたい。

「数学」は19世紀の中国の洋学書で「mathematics」の訳語として初めて使われた。日本では幕末の１８６２年に刊行された初の本格的な英和辞典『英和対訳袖珍辞書』に載ったのが最初である。その後、１８６４年に西欧の語学と科学を研究するために幕府によって設置された洋書調所（前身は蕃書調所）内に「数学科」が設置されている。

明治維新のあと、東京大学が設立された１８７７年（明治10年）には、現在の日本数学会と日本物理学会の前身である**東京数学会社**が設立された。同会社では、１８８０年から西欧の数学用語についての正式な訳語を定める**「訳語会」**がほぼ毎月開かれており、

1883年の第14回訳語会において「mathematics」の訳語は「数学」に正式決定した。「第14回」と聞くと、重要な語であるのになぜそんなに後回しだったのかと思ってしまうが、当時の記録を見ると、第2回の訳語会で既に「mathematics」は議題にのぼっている。しかし、議論が紛糾し決定には至らなかったことから、結局第14回まで持ち越されてしまったようだ。

当時も「mathematics」をどう訳すべきかについては、いろいろと意見があったのだろう。「mathematics」とよく似た意味の言葉に「arithmetic」がある。「arithmetic」は「算数」と訳されることが多いが、これは正確ではない。「arithmetic」は四則演算（足し算・引き算・掛け算・割り算）を用いる計算と整数についての研究を行う数学の一分野を指す。第15回の訳語会において「arithmetic」は「算術」と訳すことが決まっている。

どこかしっくりこない訳語

当時の方々のご苦労は推察申し上げるが、「mathematics」の訳語が「数学」だというのはどうしても違和感がある。「mathematics」が扱う範囲は、決して「数」に限られるわけではないからだ。

数（number）というのは、**ものの順序や量を表すための概念**である。それは1、2、3、……という自然数から始まったわけであるが、小数、分数、無理数とその範囲を広げ、今では実数と虚数（後述：288頁）全体を指す。数は抽象化された概念であるため、単位を持たない。

一方、**量**（quantity）は、長さ、面積、体積、角度、重さ、時間、速度などの**測定の対象となるもの**のことを言う。量には基本的に単位がある。幾何学において、図形の辺の長さや面積を求めるのは、まさに量を測っていることになる。

古代ギリシャの時代から、数だけでなく量も「mathematics」の中心にあったことは間違いない。では「数量学」と訳せばよいだろうか？　いや、それでもまだ足りない。

17世紀になり、ある量から別の量を生み出す**関数**が登場すると、**変換**を詳しく調べることに多くの学者の興味が集まるようになった。「yがxの関数である」とは「yはxによって決まる数である」ことを意味するが、**ある装置にxという値を入力すると、それに応じてyという値が出力される**、というイメージを持ってもらうとよいと思う（関数については、195頁で詳しく解説する）。

【変換とは】

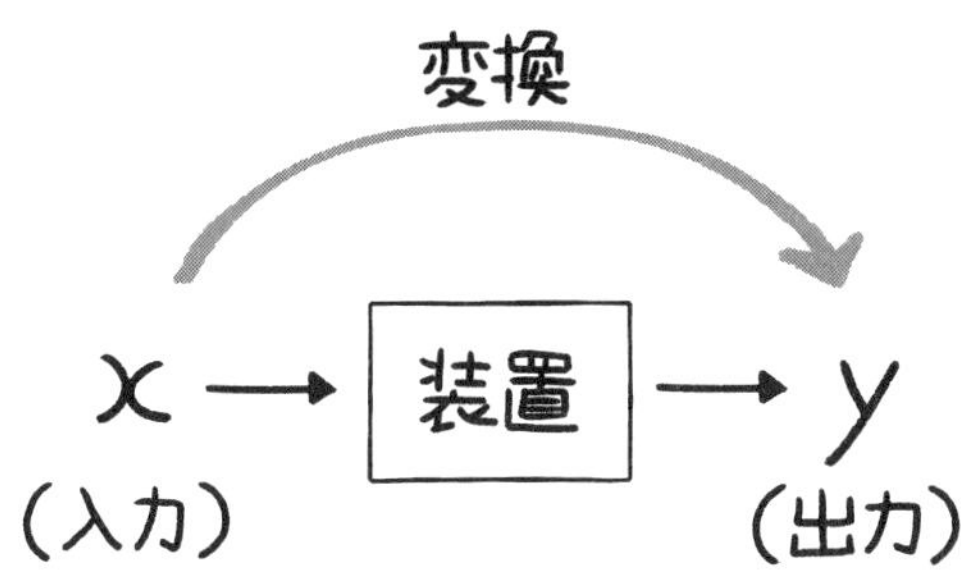
変換
x
装置
y
(入力)
(出力)
もし y = 2x なら
「装置」によって
x(入力)は2倍の数に変換される

関数という「装置」によってxがyに変換されることから、関数という概念の誕生によって「変換」が注目されるようになったのだ。その結果、微分積分学を中心とする解析学という一大分野が築かれ、「mathematics」の守備範囲は自然科学全般を網羅するまで大きくなった。「変換」を扱うようになったからこそ「mathematics」は今日の地位を築いたと言っても過言ではない。まだある。

古代ギリシャのユークリッドは『原論』の最初で、公理として「2点間の最短距離は直線である」とか「平行な2直線は永遠に交わらない」などと空間が持つ性質を最初に規定した。

日常的感覚からすると、あえて言う必要もないほど当たり前に感じられる性質ではあるが、こうした性質を持たない特別な**空間**も定義することができて、そういうユークリッド的でない空間（非ユークリッド空間という）を考えることで、新しい「mathematics」や科学が生まれた。

さらに19世紀には集合という概念が導入されたことにより、現代では位置関係などの何らかの**構造**を持つ集合を「空間」と呼ぶようになっている。議論の枠組みとして、どのような空間で考えるのかを論じることは、大変重要である。

数学の範囲はもっと広い

こうして見ると「mathematics」の訳語として「数学」は随分と物足りないように感じられないだろうか？　私は高校生の頃、なぜ「数学」という名前なのかと不思議に感じていた。数字の代わりに文字を使う方程式についての数学を「代数学」ということは知っていたから、「代数学」を縮めて「数学」と言うのかな？　でもそれだと関数とか幾何とか確率とかは無視されていることになるしなあ……などと漠然と思っていたものだ。

実際の「数学」は、少なくとも先に挙げた「数」「量」「変換」「空間」「構造」等を扱う。

そして今日では数学の応用範囲は驚くほど多岐にわたっているため、「数学とは何か？」という問いに答えるのは、数学的にも哲学的にも簡単ではなくなってきている（数学の対象や方法について哲学的な考察を行う「数理哲学」という学問分野もある）。

算術・音楽・幾何学・天文学

そういう意味では「mathematics」の語源が、ギリシャ語で**「学ぶべきもの」**を意味する**「μάθημα（マテーマタ）」**であることは興味深い。

古代ギリシャにおける「マテーマタ＝学ぶべきこと」は次の4つの科目から成っていた。

算術（静なる数）
音楽（動なる数）
幾何学（静なる量）

天文学（動なる量）

これらは、古代ギリシャのプラトンが自身の開いた学園（アカデミア）におけるカリキュラムを定める際、哲学的問答を学ぶための準備として、16〜17歳までに特に訓練する必要があると考えたものである。プラトンがこの4科目を特に重要視したのは、やはりピタゴラス一派の影響が大きい。

「マテーマタ＝学ぶべきこと」が4つに分かれたのは、ピタゴラスたちがまず**数と量（図形）**を分け、それぞれをさらに**静と動**に分けたからである。ここでいう「静」とはそれ自身を指し、「動」とは他者との関係で変化することを指す。

数そのもの（静なる数）について学ぶ「算術」の能力は、すべての基本になるので、これが「学ぶべきもの」の1つであることに異論のある人はいないと思う。

『原論』についての項（68頁）でお伝えしたとおり、ピタゴラスとその弟子たちは**図形（静なる量）**を研究する幾何学の分野において目覚ましい成果を上げ、同時に論理的思考法を確立した。当時、幾何学を学ぶことは、論理的にものごとを考える方法を学ぶことであったから、哲学を学ぼうとするものにとって幾何学が必須であったのは当然である。

数の神秘と天球の音楽

また、これも前述のとおり、ピタゴラスたちは、美しい協和音の中に潜む数の神秘に気づき、「万物は数である」と説いた。宇宙は**数と数との関係（動なる数）**によってもたらされる調和によって作られていると熱心に啓蒙（けいもう）したのである。

その甲斐もあり、ピタゴラス以後のギリシャでは、宇宙の根本原理は**「ムジカ」**であり、その調和は**「ハルモニア」**であると考えるようになった。英語でムジカは「ミュージック」、ハルモニアは「ハーモニー」である。実は、中世に至るまで、音楽は娯楽というより、秩序や調和の象徴として捉えられていた。だからこそ音楽を学ぶことは、宇宙の原理、言い換えれば神の言葉を理解する上でも欠かすことができなかったのだろう。

ピタゴラスはまた、**「天球の音楽」**という概念も創り出している。当時は、すべての星は地球を中心とする巨大な球面の上に固定されていて、星はその球面の回転によって動くと考えられていた（これを天動説という）。

天動説の立場では特に惑星＝「惑う星」の動きは非常に奇っ怪であり、これを**図形どう**

しの関係（動なる量）から説明するには、複雑な球面の幾何学を考える必要があった。

しかし、ピタゴラスたちは、どんなに複雑に見えたとしても、天体は調和のとれた軌道に沿って運行しており、宇宙は人間には聞くことのできない美しい天球の音楽（ムジカ・ムンダーナ）に満ちているはずだと考えていた。

プラトンは自身が開いた学園の、言わば必須科目としてマテーマタの4科目を定めたが、同時にそれは時代のリーダーとなる気概を持った者が自由意志によって学ぶべきものであって、決して強要されるようなことがあってはならない、とも考えていた。プラトンのこうした考えもあって、マテーマタはいつしか「自由意思によって獲得されるべき諸技術」という意味合いで**「アルテス・リベラレス」**と呼ばれるようになった。「アルテス・リベラレス」はラテン語であり、英語では「リベラル・アーツ」である。

プラトンがマテーマタを定めてから、１０００年ほどが経った古代ローマ末期の紀元後5～6世紀になると「算術」「音楽」「幾何学」「天文学」の4科目に、言葉に関わる「文法」「修辞学」「弁証法」を加えた計7科目が「アルテス・リベラレス」として定着した。これらの7科目は「人が持つべき実践的な知識・学問の基本」として、特に西欧の大学制度においては、19世紀後半～20世紀まで引き継がれることになる。

アルテス・リベラレスへ！

今、数学は――ITとAIが産業の構造を大きく変えようとしている「第4次産業革命」の中にあって――どうしても欠くことのできない**「学ぶべきもの」**になっている。まさに「mathematics」の語源が意味するところに戻ってきたのである。

数学はかつてのように理系だけが、あるいは得意な人だけが半ば隠れるようにして活用したり楽しんだりしていればいいという代物ではなくなった。これからは文系も苦手な人も、数学を避けては通れないだろう。でも、やはり私は、数学が「強制されるもの」であってほしくない。

どんな人も、その人なりの楽しさを見つけながら、進んで取り組みたくなるような「アルテス・リベラレス」であってほしい。「数学」にはそういう懐の深さがあると信じている。

曲線の博物館へようこそ

自然は曲線を創る景

日本人として初めてノーベル物理学賞を受賞された**湯川秀樹**（1907〜1981）博士は**「自然は曲線を創り、人間は直線を創る」**と言った。

確かにふとまわりを見回すと、ペンだったり、机の淵だったり、電化製品の輪郭だったり、直線であるものはほとんどが人工物である。もちろん、自然界にも「直ぐなる木」（≒真っ直ぐになる木）がその名の語源になっている「杉」のように、真っ直ぐに見えるものはある。しかし、厳密には杉も直線とは言えないだろう。石も花も山も雲も複雑な曲線の組み合わせでできている。

それにも関わらず、数学は長い間、円以外の曲線には目を向けてこなかった。ピタゴラ

【アポロニウスの研究】

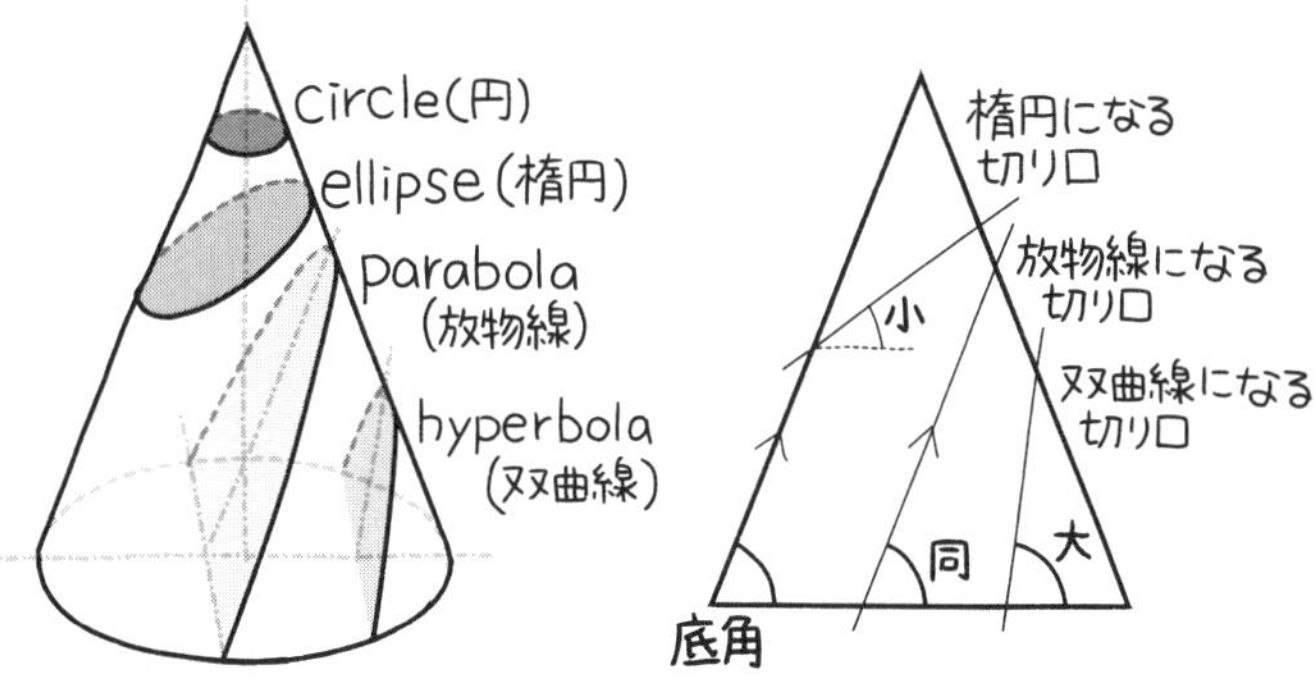

参考(左の図):https://en.wikipedia.org/wiki/Conic_section

ス以降、幾何学が扱うのは、点と直線と円だけだったのだ。

ただし、1人例外はいた。それが紀元前2~3世紀に活躍した古代ギリシャの**アポロニウス**(紀元前262~紀元前190頃)である。

アポロニウスは、円錐を円錐の頂点を通らない平面で切ったときの切り口を詳しく研究し、切り口として現れる3種類の曲線(**円錐曲線**と言う)をellipsis(不足)、parabole(一致)、hyperbole(超越)と名付けた。

これらは、英語のellipse(**楕円**)、parabola(**放物線**)、hyperbola(**双曲線**)の語源になっている。

アポロニウスがなぜこのように呼んだかと言うと、円錐を真横から見たときの二等辺三角形の底角と比べて、切り口と底辺（や底辺と平行な直線）との角度が小さいか（楕円）、同じか（放物線）、大きいか（双曲線）によって、現れる曲線が区別できるからだと言われている（諸説ある）。なお、切り口がちょうど底辺と平行なときは、切り口には円が現れるが、円は楕円の一種であると考えられる。

曲線の方程式

今日では、円、楕円、放物線、双曲線をまとめて**2次曲線**と言う。それぞれの曲線の方程式がxやyの2次式（x^2やy^2を含む数式）で表されるからである。今、「曲線の方程式」と書いたが、曲線を数式（方程式）で表せるようになったのは、17世紀に**ルネ・デカルト**が、座標と座標軸、そして変数を導入したからである。

座標とは、平面内や空間内の点を1組の数で表したものを言う。平面上の点は（2, 1）のような2つの組の数、空間内の点は（2, 4, 3）のような3つの組の数で表す。また座標と点とを**1対1対応**（189頁参照）させるための基準となる直線のことを**座標軸**とい

【座標と座標軸】

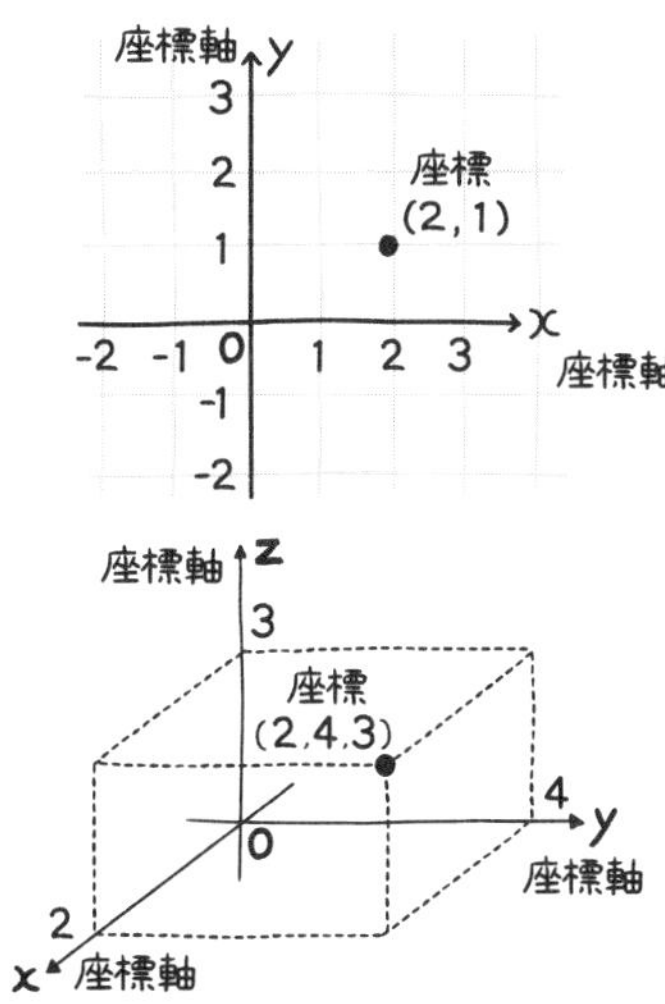

う。

座標軸を使って平面や空間内の点を表す方法は中学や高校でも学ぶので、私たちからすると当たり前に感じられるかもしれないが、座標と座標軸によって、**平面や空間内のいかなる点も1組の数で表すことができて、またいかなる数の組み合わせであっても、その組み合わせに対応する平面や空間内の点が見つけられる**というのは、当時としては斬新なアイディアだった。

さらに、デカルトは文字にいろいろな値が入り得る「入れ物」としての役割を与え、そういう文字を変数と呼ん

【図形と数式を結びつける「革命」】

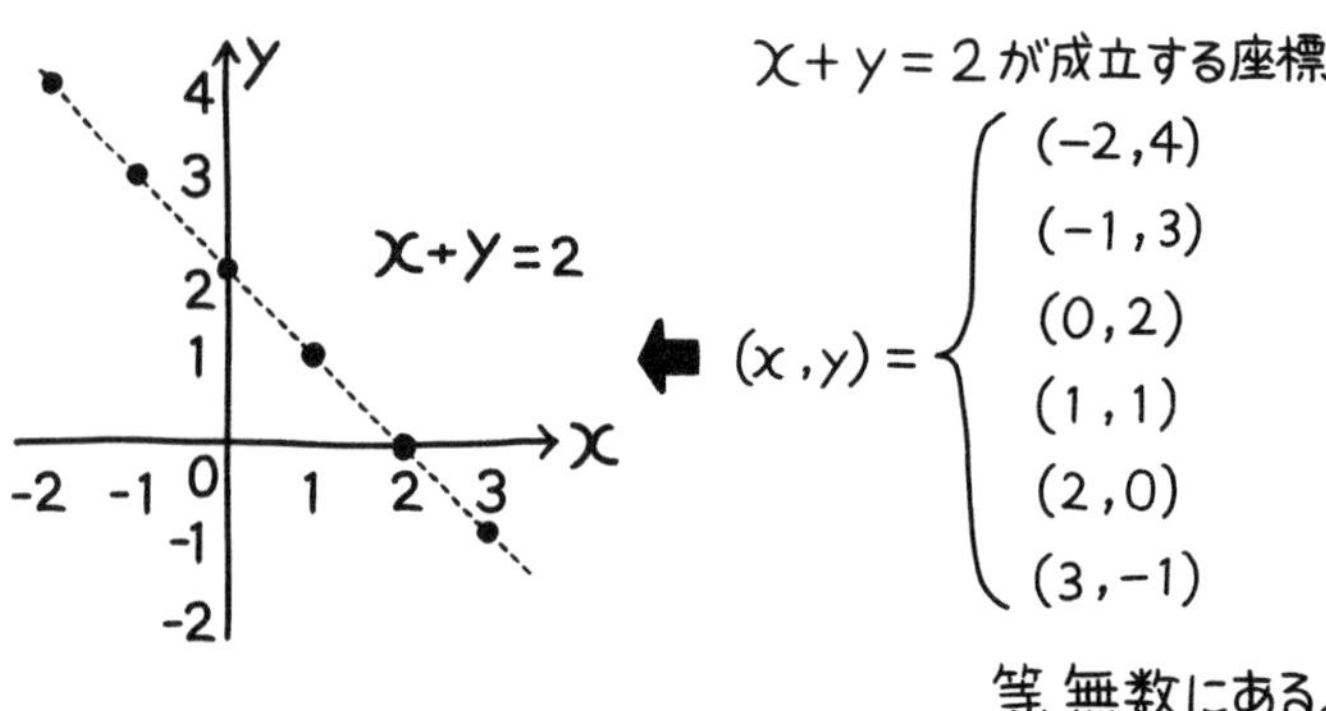

だ。

たとえば、xやyを変数とするとき、「$x+y=2$」という数式のxやyには

$(x, y) = (1, 1)$

$(x, y) = (2, 0)$

$(x, y) = (0, 2)$

など、さまざまな「座標」が入り得る（代入してもイコールが成立する）。

そして「$x+y=2$」が成立する座標の点を集めると、座標軸上に直線が出現するので、「$x+y=2$」はこの直線を表す数式であると考えた。

人類はついに、**図形と数式を結びつけることに成功する。**これは数学史上の革命であったと言われるほど、画期的なことだった。

デカルトのおかげで、世の中に既にある曲線を数式で表せるようになっただけでなく、数学的あるいは物理的にある特徴を持つ曲線を、数式から創りだすこともできるようになった。

ガウディとサグラダ・ファミリア

アポロニウスが発見した円錐の切り口として現れる円錐曲線も、1700年あまりの時を経て、それぞれ数式で表せるようになり、そのうちの1つ（放物線）は、物を投げたときの軌道と一致することがわかった。

また、ピタゴラスが証明した三平方の定理（148頁）は円を使うと理解が進むが、これをより一般化したフェルマーの定理（nが3以上のとき、$x^n+y^n=z^n$を満たす自然数x, y, zは存在しない）の証明には楕円曲線が深く関わっている。実に350年以上の年月が費やされたフェルマーの定理の証明は、数式と曲線が結びついたからこそ、成し遂げられた偉業なのである。

この後は、中学・高校の数学では登場しない曲線と、その数式を2つ紹介したいと思う。

《カテナリー》

密度（単位体積あたりの重さ）が一定の、ひもや鎖などの両端を持ったときにできる曲線を**カテナリー**（catenary）という。カテナリーの語源は、ラテン語で「鎖」を意味する"catena"である。カテナリーは日本語では**懸垂曲線**（けんすい）と言う。

鎖の両端を持ったときの曲線は長らく放物線なのではないかと思われていたが、オランダの**クリスティアーン・ホイヘンス**によって、カテナリー（懸垂曲線）は放物線ではなく、その数式は次頁のような形に表せることがわかった（数式内に登場するeについては256頁で詳しく解説する）。

カテナリーは送電線や吊橋、蜘蛛の巣など、人工物にも自然界にも多く見られる。また、カテナリーを、鎖を垂らしたときとは上下逆さにすると、力学的に安定することがわかっている。

このため、カテナリーを上下逆さにしたアーチ状のデザインは多くの建築に使われている。中でもスペインを代表する建築家である**アントニ・ガウディ**（1852〜1926）

【カテナリー（懸垂曲線）】

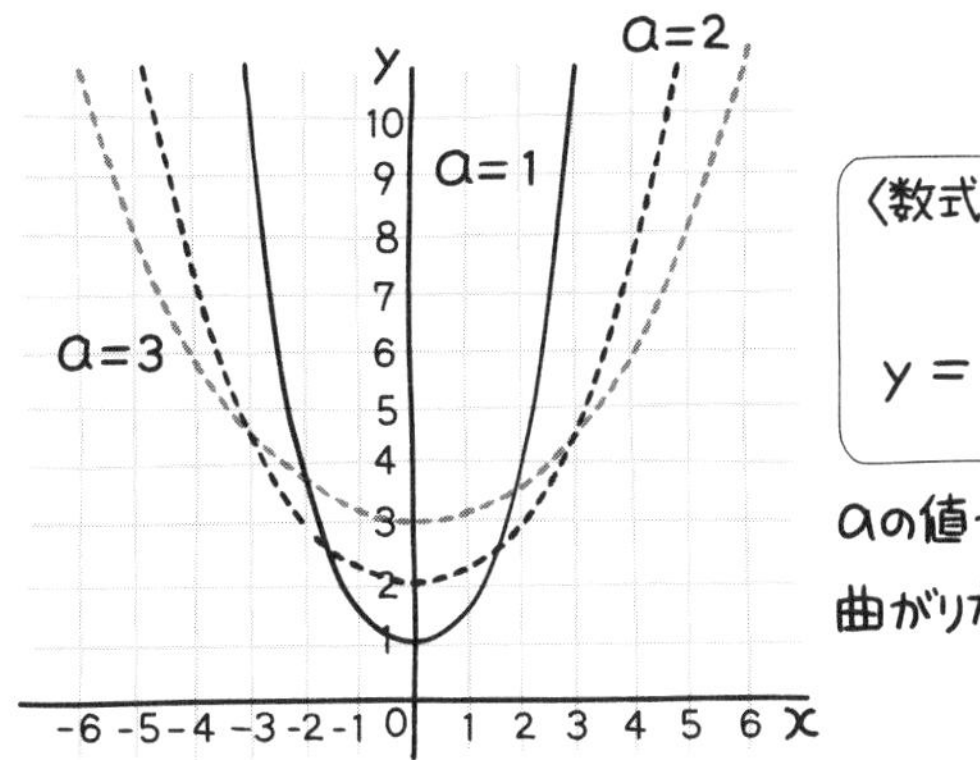

が、有名な「サグラダ・ファミリア」をはじめ、複数の作品でカテナリーをデザインに取り入れたことは有名である（ガウディが用いたアーチ状のデザインを「放物線状」と評するのは間違い）。

ガウディは**「美しい形は構造的に安定している。構造は自然から学ばなければならない」**という考えの持ち主だったので、設計の多くを机上の計算ではなく、実験によって決定していた。建物の曲線をデザインするときも、ひもと砂袋で作った無数の錘（おもり）を使ってカテナリー曲線を作り出し、この曲線こそ垂直荷重に対して最も自然で頑丈な構造であると考えた。

【サグラダ・ファミリアのカテナリー】

ガウディはこうして決定したデザインの構造上の強さに絶対の自信を持っていて、職人たちが巨大な石をアーチ状に積み上げることを不安がったときには、自ら足場を取り除き、安全を証明して見せたという。

ガウディが設計に使った実験装置は「フニクラ（逆さ吊り模型）」と呼ばれ、サグラダ・ファミリアの側にある資料室で見ることができる。

ジェットコースターとオイラー螺旋

《クロソイド》

【フリップ・フラップ】

参考：https://en.wikipedia.org/wiki/Flip_Flap_Railway

1895年、ニューヨーク近郊のコニー・アイランドにアメリカ初の回転式ジェットコースター「フリップ・フラップ」（上の図）が登場した。新しもの好きの群衆が押し寄せたが、いざアトラクションがオープンすると、むち打ち症になったり、首を損傷したりする乗客が続出してしまった。

原因は、レールが1回転する部分の形状がほぼ「円」だったからである。直線部分に円の部分をつなげると、その変わり目で乗客に強烈な負荷がかかってしまうのだ。

このような事態を防ぐために、円に代わって回転式ジェットコースターに

【クロソイド】

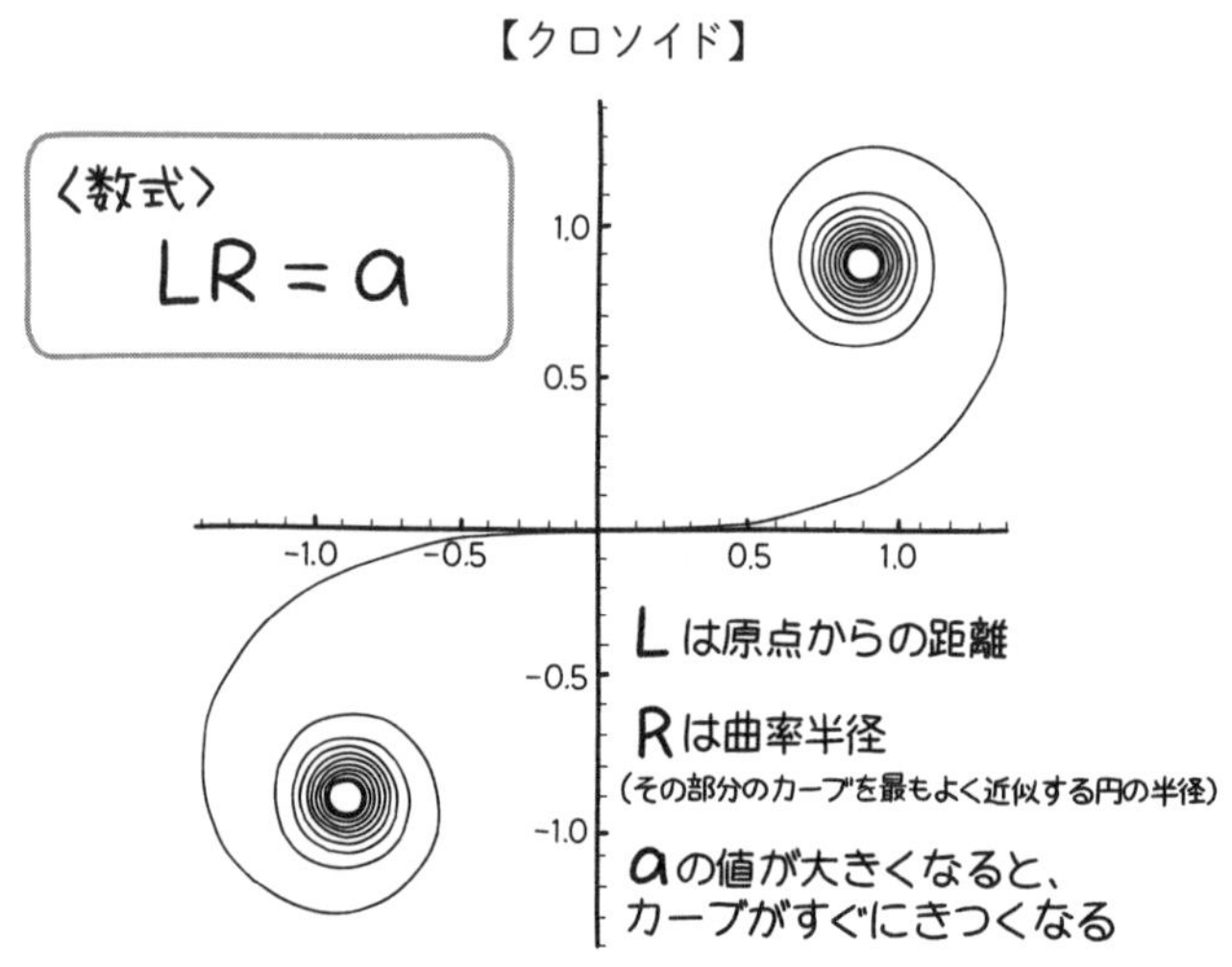

〈数式〉
LR＝a
1.0
0.5
-1.0
-0.5
0.5
1.0
-0.5
-1.0
Lは原点からの距離
Rは曲率半径
（その部分のカーブを最もよく近似する円の半径）
aの値が大きくなると、
カーブがすぐにきつくなる

参考：https://ja.wikipedia.org/wiki/クロソイド曲線

採用されたのが**クロソイド**と呼ばれる曲線である。この曲線は、スイスのレオンハルト・オイラーが詳しく研究したことから、別名を**オイラー螺旋**（らせん）とも言う。

クロソイドは、直線から始まり、先に進むほど曲がり方がきつくなる。自動車の運転で言えば、一定のスピードでかつ一定の割合でハンドルを回していったときに自動車の描く曲線がクロソイドである。

もし直進区間→円弧区間→直進区間というカーブを運転しなければならないとしたら、ドライバーは円弧部分の最初と最後で急にハンドルをきる必要

【運転のしやすい道路】

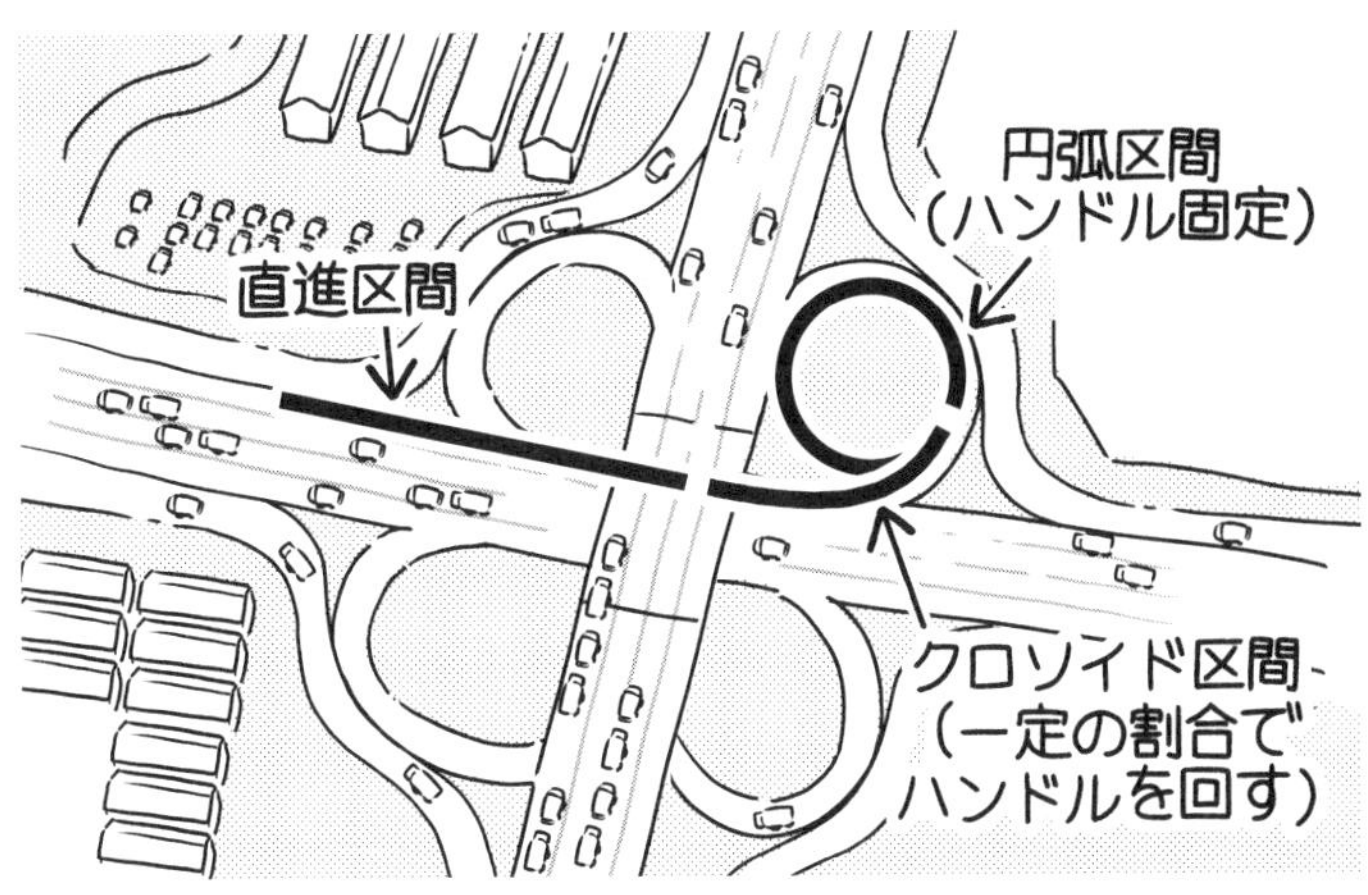

参考：https://cifrasyteclas.com/clotoide-la-curva-que-vela-por-tu-seguridad-en-carreteras-y-ferrocarriles/

がある。これは相当速度を落とさない限り、運転が難しい上に、乗客への負担も大きい。

一方、直進区間→クロソイド区間→円弧区間→クロソイド区間→直進区間というカーブであれば、直進区間からクロソイド区間に入ったら、一定の割合でハンドルを徐々に切っていき、円弧区間はそのままハンドルをキープすれば良いので、運転がしやすく、乗客も乗り心地が良い。クロソイドが**「人にやさしい曲線」**と言われる所以である。

そんなクロソイドを道路に用いたのは、ドイツの高速道路「アウトバーン」が最初であった。**現在では世界中の高速道路のほとんどにクロソイドが使われている。**

2人の巨人と円からの脱却

古代ギリシャの**ピタゴラス**以降、「完全なる調和」の象徴であった宇宙の星たちの軌道は円に違いないと固く信じられていた。宇宙の中心には地球があると考えた天動説はもちろん、ポーランドの**コペルニクス**が唱えた地動説においても、星の軌道は円だと考えられていたのである。

ただし、円軌道をもとに星の動きを説明しようとすると、天動説においても地動説においても、非常に複雑な理論が必要になり、しかも膨大な計算の末に導き出した星の位置は実際とは違うことが少なくなかった。

そんな中、地動説を支持していたドイツの**ヨハネス・ケプラー**は、観測結果を丹念に調べることで、惑星の軌道は**楕円**なのではないかという仮説を立てる。そう考えれば円軌道を前提にするより、はるかに単純かつ正確に惑星の運行を説明できることを発見した

郵 便 は が き

料金受取人払郵便

渋谷局承認

2087

差出有効期間
2025年12月
31日まで
※切手を貼らずに
お出しください

150-8790

130

〈受取人〉
東京都渋谷区
神宮前 6-12-17
株式会社ダイヤモンド社
「愛読者クラブ」行

本書をご購入くださり、誠にありがとうございます。
今後の企画の参考とさせていただきますので、表裏面の項目について選択・ご記入いただければ幸いです。

ご感想等はウェブでも受付中です（抽選で書籍プレゼントあり）▶

年齢	（　　　）歳	性別	男性 ／ 女性 ／ その他
お住まいの地域	（　　　）都道府県 （　　　）市区町村		
職業	会社員　経営者　公務員　教員・研究者　学生　主婦　自営業　無職　その他（　　　）		
業種	製造　インフラ関連　金融・保険　不動産・ゼネコン　商社・卸売　小売・外食・サービス　運輸　情報通信　マスコミ　教育　医療・福祉　公務　その他（　　　）		

①本書をお買い上げいただいた理由は？
（新聞や雑誌で知って・タイトルにひかれて・著者や内容に興味がある　など）

②本書についての感想、ご意見などをお聞かせください
（よかったところ、悪かったところ・タイトル・著者・カバーデザイン・価格　など）

③本書のなかで一番よかったところ、心に残ったひと言など

④最近読んで、よかった本・雑誌・記事・HPなどを教えてください

⑤「こんな本があったら絶対に買う」というものがありましたら（解決したい悩みや、解消したい問題など）

⑥あなたのご意見・ご感想を、広告などの書籍のPRに使用してもよろしいですか？

1　可　　　　　2　不可

※ご協力ありがとうございました。

【とてつもない数学】108826●3350

のだ。ケプラーは、地球を含むすべての惑星が太陽のまわりを回る軌道は楕円であると仮定して、数年先までの惑星の運行を予測した**『ルドルフ星表』**と呼ばれる天文表を作った。

この表の精度が従来の30倍以上であったことは、地動説の優位性を確かなものにした。さらに、イギリスの**ニュートン**が、ケプラーの理論をもとに「万有引力」をはじめとする普遍的な物理法則を導き出し、地上の小石から惑星の運行に至るまで統一的に説明することに成功したため、天動説は完全に葬り去られることになった。

17世紀の前半に現れたデカルトとケプラーという2人の巨人は、人類に**円からの脱却**をもたらしたと言っていいだろう。それは、ありのままの自然を見て、数学的に記述するという近代科学には必要なことだった。

タイルを敷き詰める数学

アルハンブラ宮殿の幾何学文様

スペインの古都グラナダには、かつてこの地を支配していたイスラム教徒の栄華の象徴であり、キリスト教徒による国土回復の戦い（レコンキスタ）に破れた悲劇の舞台ともなった**アルハンブラ宮殿**がある。敷地は約15万平方メートル（東京ドーム3個分くらい）もあり、当時は王（スルタン）だけでなく、貴族を中心に約2000人が暮らしていた。

アルハンブラというのは「赤い城塞」を意味するイスラム語が語源である。広大な敷地内にはいくつもの壮麗な建造物が並んでいて、そのどれもがイスラム建築の粋を集めた傑作である。あまりの見事さに、当時は「王は魔法によって宮殿を完成させた」とまで言われたらしい。

教義によって偶像が禁止されているイスラム教では、動物や人間をモチーフにして装飾が施されることはなく、代わりに幾何学的な文様が発展した。こうした伝統はアルハンブラ宮殿の至るところに見られる。特に、壁や天井一面をいくつかの基本の図形だけで隙間なく敷き詰めてあったり、逆にすべて異なる形の図形で敷き詰められていたりするタイル張りの見事さには、誰もが目をみはることだろう。

オランダの画家・版画家**マウリッツ・エッシャー**（1898〜1972）もその1人であった。丸3日をかけて、宮殿内の装飾を丹念に模写したエッシャーは「無限に続くパターンが作り出す美」に大いにインスピレーションを刺激されることになる。

エッシャーと言えば、水が下から上に流れるように見える**『滝』**（1961）のような、建築不可能な建造物を描いたいわゆる「だまし絵」の第一人者として有名であるが、**『メタモルフォーゼ』シリーズ**（1937〜1940）のように、次々と変化していくパターンによって画面を埋め尽くす作風も際立った個性を見せている。アルハンブラ宮殿を訪れたことが後者の作品群を生み出す直接のきっかけになったことは間違いない。

実際、『メタモルフォーゼ』の第1作目が制作されたのは、アルハンブラ宮殿を訪れた翌年である。エッシャーは、イスラムでは使われなかった動物のモチーフなども使って、繰り返しの模様による作品を作っていて、その独特の世界は見るものを惹きつける。

平面を埋め尽くせる正多角形は？

実は、無限に拡がる平面を隙間や重なりなくタイルによって埋め尽くしたい場合、タイルの形は何でもいい、というわけではない。たとえば、正五角形では平面を埋め尽くすことは不可能である。なぜなら、次頁の図のように正五角形の1つの角は108度であるため、1つの頂点に3つ集めると108度×3＝324度となり、360度には足りずに隙間が開いてしまうし、4つ集めると360度を超えてしまうので、お互いに重なってしまうからだ。同じように考えると、平面を埋め尽くすことができる正多角形（すべての角の大きさが等しい多角形）は、「1つの角の大きさ×整数＝360度」となるものだけに限られ、そういう正多角形は、**正三角形、正四角形（正方形）、正六角形の3種類しかない。**

一般に、平面を何種類かの平面図形（タイル）で隙間も重なりもなく埋め尽くすことを**平面充填**（じゅうてん）あるいは**タイリング、テセレーション**などという。そしてどのようなタイ

【正五角形では隙間ができる】

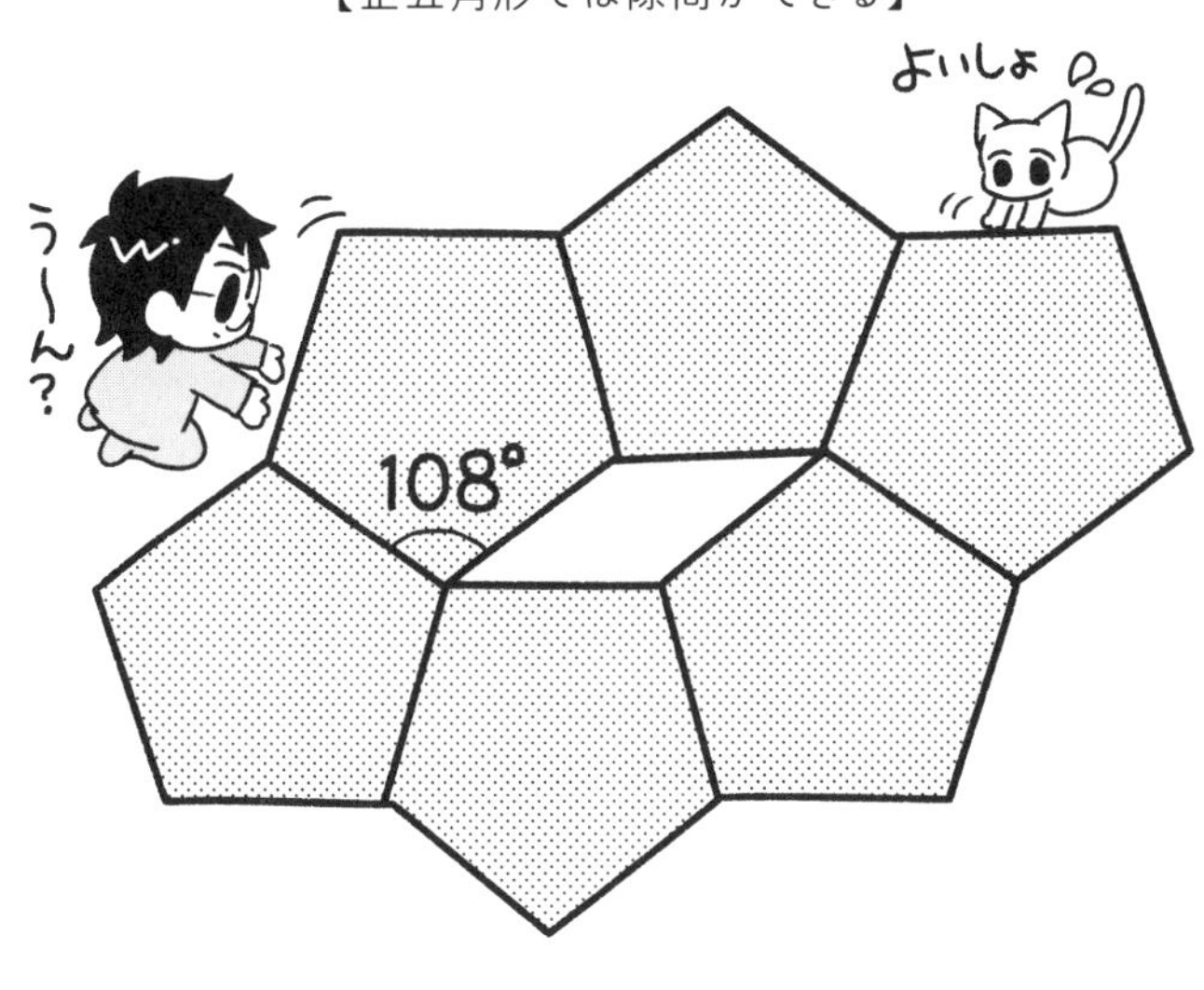

ルであれば埋め尽くせるかを考える問題は、平面充填問題と呼ばれている。

では正三角形以外の三角形はどうだろうか？　実は、三角形であれば、**どのような三角形であっても必ず平面を埋め尽くすことができる。**

なぜなら、同じ三角形を2つ用意し、上下逆さに重ねれば、平行四辺形となり、その平行四辺形を上下左右に敷き詰めれば、隙間なく平面を埋め尽くすことができるからだ。

実は、四角形の場合も、いかなる四角形であっても平面充填が可能である。次頁の図のように同じ四角形を上下逆さに重ねると、「平行六辺形」という

【平行四辺形と平行六辺形】

平行四辺形は隙間なく埋め尽くせる

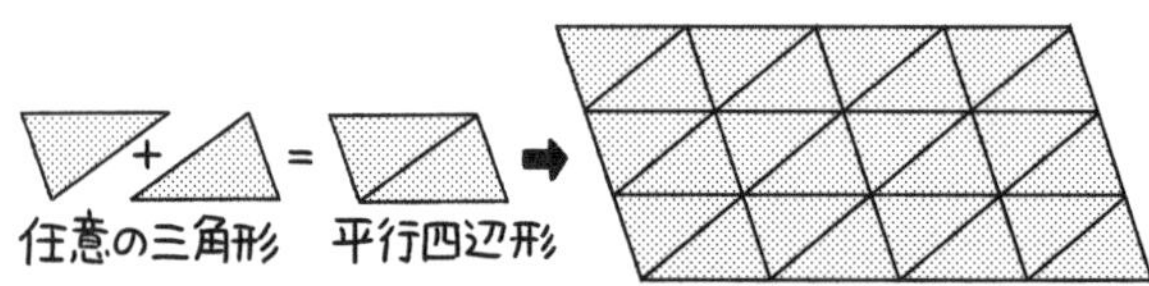

平行六辺形は隙間なく埋め尽くせる

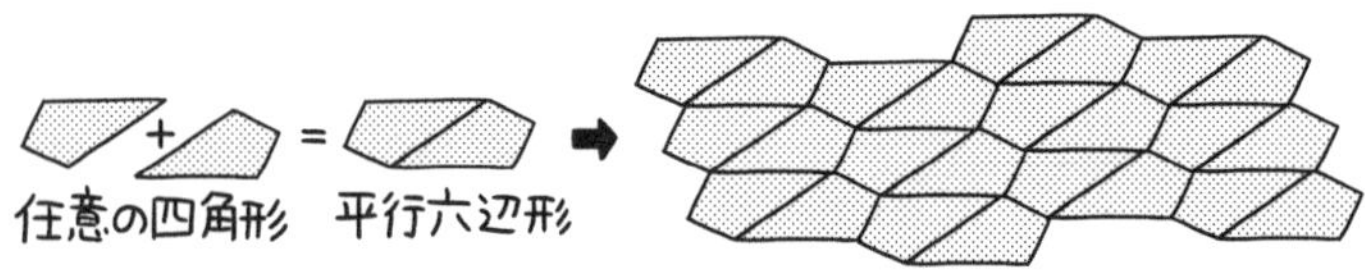

向かい合う辺が平行の六角形ができて、これも必ず隙間なく敷き詰められるからだ。

なお、上の図に書いた四角形は窪みのないいわゆる「凸四角形」であるが、窪みのある「凹四角形」であっても、やはり平行六辺形が作れて、同様に平面を埋め尽くすことができる。

五角形を検証する

ここまでで、任意の（自由に選べる）三角形や任意の四角形は平面充填可能な図形であることがわかったが、このことは古代ギリシャの時代に既に明ら

【隙間なく埋め尽くせる凸五角形】

ぴったり!
できたっっ
一組の平行な
辺を持つ五角形

かだったらしい。

三角形、四角形、とくれば次は五角形について検証したくなる。しかし、図形が五角形になると話は急に複雑になってしまう。

前述のとおり正五角形は平面を敷き詰めることができないので、どんな形の五角形でも平面を埋め尽くせるというわけではないが、たとえば「1組の平行な辺を持つ」などのある特徴を持ついびつな形の五角形であれば、上の図のように平面を敷き詰められる。

2019年11月現在、平面充填可能な凸五角形（窪みのない五角形）は全部で**15種類**見つかっている。

それぞれがどのような形であるかは「Pentagonal tiling」（五角形の平面充填）のWikipedia（英語版：https://en.wikipedia.org/wiki/Pentagonal_tiling）に載っているので、興味のある方は覗いてみてほしい。

凸五角形の平面充填問題が数学的に議論されるようになったのは、1918年にドイツの**カール・ラインハルト**という人が大学の卒業論文で**「5種類の敷き詰め可能な凸五角形」**を発表したことがきっかけだった。前頁の「1組の平行な辺を持つ」五角形はそのうちの1つである。

なお、ラインハルトは六角形以上の多角形について、平面を埋め尽くせるのは、**凸六角形は3種類**だけであり、**凸七角形以上では存在しない**ことも証明した。一方、凸五角形については、自分が見つけた5種類の他にもあるかどうかは不明であるとした。つまりこの時点で、1種類の凸多角形による平面充填問題は五角形の問題に絞られたのである。

とある主婦が解いた難問

ラインハルトの論文からちょうど50年後の1968年にはさらに3種類が見つかり、平面を埋め尽くす凸五角形は8種類になった。新たに3種類を見つけるまで50年もかかってしまうほど、凸五角形の平面充填問題は複雑な難問なのだが、1975年〜1977年の間に相次いで5種類が見つかっている。

しかもそれらの発見は数学者の手によるものではなかった。1つはコンピュータサイエンティストの**リチャード・ジェームズ三世**が発見したものであり、残りの4種類はなんと家庭の主婦だった**マジョリー・ライス**が見つけたものである。ライスはパッチワークを趣味にしていたことから、雑誌のコラムで紹介されていた多角形による敷き詰め問題に興味を持ち、子育てのかたわらさまざまな敷き詰め模様を考えたというから驚く。

その後1985年には当時大学生だった**ロルフ・シュタイン**が14種類目を発見し、2015年には**ワシントン大学の研究チーム**がスーパーコンピュータを使って15種類目の凸五角形を発見した。この15種類目のケースでは、次頁の図のグレーに塗った12個の五角形を1つのグループとし、これを上下左右に平行移動しながら連ねていくことで平面を埋め尽くす。このようにして、いくつかの図形をまとめたグループを平行移動しながら平面を埋め尽くすことを**周期的な平面充填**という。「周期的」とは、「同じことが繰り返される」という意味である。15種類目のケースの発見にスーパーコンピュータが必要だった

【15種類目の凸五角形】

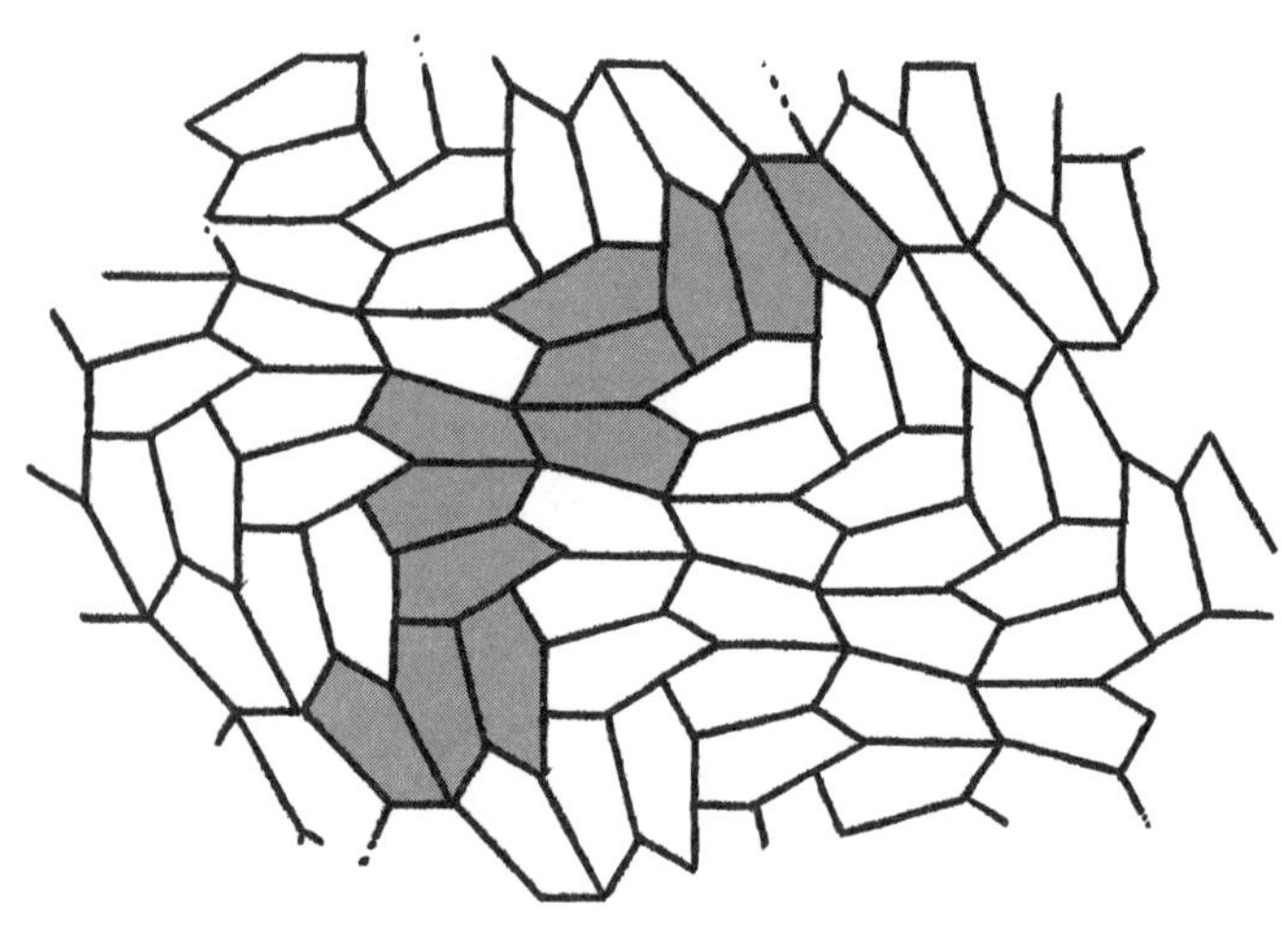

理由は、1つのグループに含まれる五角形の数が12個と多かったからだ。

美は真なり。真は美なり。

平面充填を語る上でイギリスの**ロジャー・ペンローズ**（1931〜）は外せない。ペンローズは理論物理学者のスティーヴン・ホーキング（1942〜2018）と共にブラックホールの「特異点定理」（重力が無限大になる点における一般相対性理論の解についての定理）を証明し、「光が届かない領域＝まったく情報を得られない領域」が存在することから、その境界と

【ペンローズ・タイル】

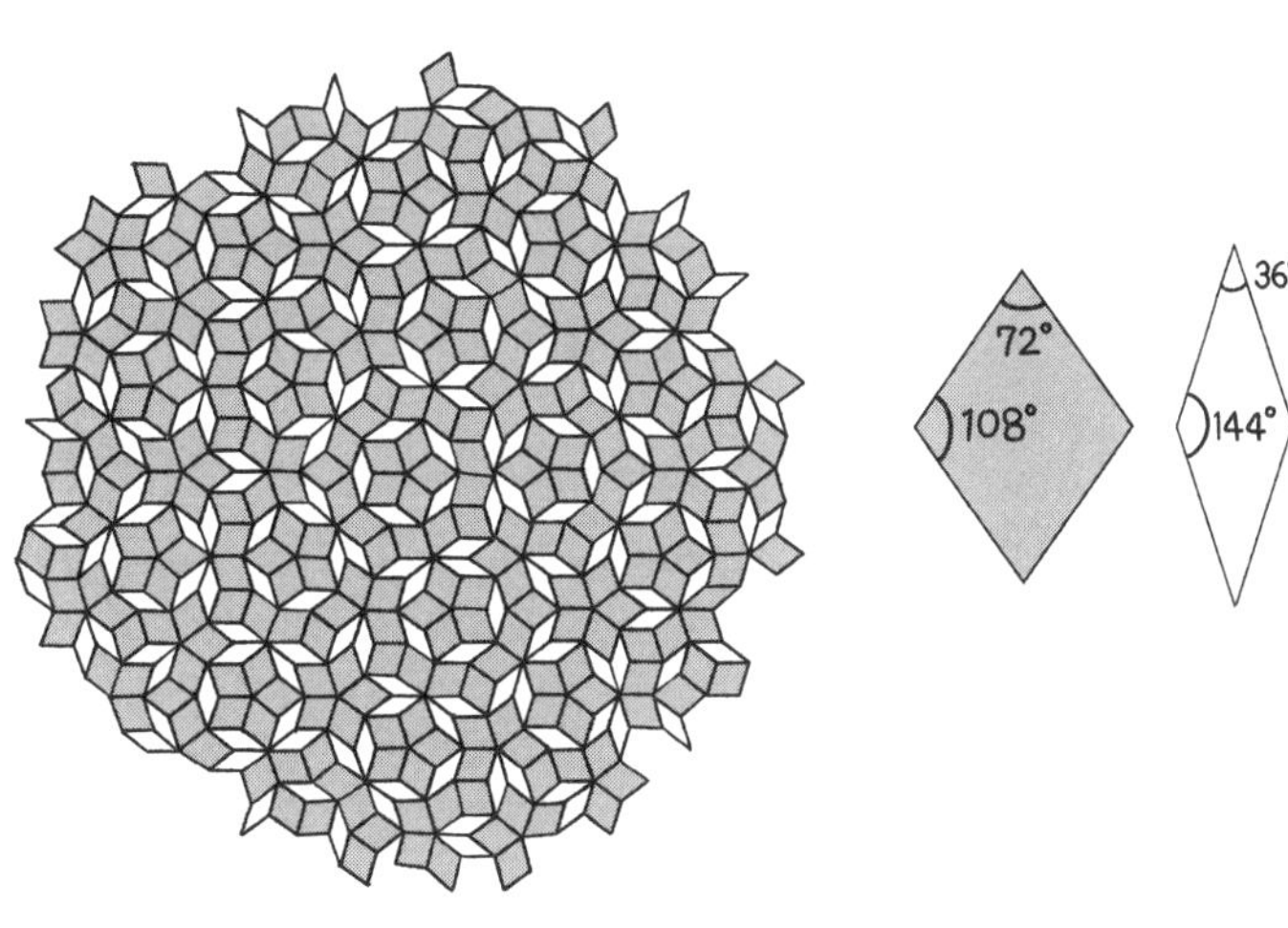

して「事象の地平線」(event horizon)なるものを提唱したことで一躍有名になった。また脳内の情報処理には量子力学が深く関わっているという仮説を唱えるなど、宇宙論と量子論の双方に功績を残している物理学者である。

そのペンローズは、エッシャーのファンであったことから平面充填問題にも興味を持ち、いわゆる**「ペンローズ・タイル」**を考案した。ペンローズ・タイルとは、上の図のように2種類のひし形をある法則にしたがって並べて、平面を埋めつくしたもののことを言うのだが、特筆すべきは、**このようにすれば必ず周期的ではない並**

び方になるという点である。ペンローズ・タイルでは、ある部分をどのように平行移動しても、ぴったりとは重ならない他の部分が存在している。

ペンローズ・タイルに代表されるような周期的ではない平面充填の方法の多くは、数学の世界では主に20世紀になってから発見された。一方、15世紀のイスラム建築にはペンローズ・タイルを敷き詰めたのと同じ模様が見つかっている。タイル張り職人としての美の追求と数学的な非周期的平面充填法とが同じゴールに到達し、しかも職人の方が500年も先を越しているというのは大変興味深い。

これだけではない。

1982年にイスラエルの化学者**ダニエル・シュヒトマン**（1941〜）は、周期的な結晶構造を持たない合金を発見した。それまで結晶と言えば、周期的な構造を持つというのが「常識」だったので、発表当時シュヒトマンは激しい批判を受けたが、ペンローズ・タイルを理論的裏付けにすることで、非周期的な構造を持つ結晶的なもの（準結晶という）も存在し得ると主張した。その後「準結晶」が次々と発見されたことで、シュヒトマンの功績は認められ、2011年には**ノーベル化学賞**が贈られている。

「数学の美」を思うとき、いつも思い出す言葉がある。
それは、19世紀の初めにイギリスで活躍した詩人ジョン・キーツが書いた「ギリシャの壺に寄す」の最後にあるこんな一節だ。

「美は真なり。真は美なり。(Beauty is truth, truth beauty.)」

美を追求しようとすることと、真実を明らかにしようとすることは、きっととてもよく似ているのだと思う。

4章
とてつもない便利さ

1対1対応と秀吉のひも

「小石」と「もの」を対応させる

英語で「計算」を意味するcalculationは、「石」を意味する「calc」と「～すること」を意味する「-ation」からできている。また、「微積分学」を意味するcalculusには腎臓などの「結石」や「歯石」という意味もある。計算や微積分学といった言葉と「石」が関連するのは、人類が数と付き合い始めた頃、石はものの数を数えるための道具だったからだ。

太古の私たちの祖先は3つ以上の数を数えることができず、3も30も100も「たくさん」と考えていたらしい（※諸説あり）。しかし生活をしていれば、3つ以上の数を数えなければならないシーンはいくらでもあるだろう。

たとえば何頭かの牛を飼っている農家では、主人の毎朝の日課は、放牧前の牛1頭に対して小石を1つ対応させることだった。同じ小石を放牧から帰ってきた牛に再び1つずつ対応させることで、牛が全頭揃っているかどうかを確認するためだ。このように、大きな数を使えなかった時代の人類が、**数えたいものと小石を1対1に対応させていたこと**から、「石を使って行うこと」が「計算」を意味するようになったと言われている。

「1対1対応」というのは、**集合Aと集合Bがあるとき、Aのどの要素にもBのただ1つの要素が対応し、またBのどの要素にもAのただ1つの要素が対応する**ことを言う。

たとえば、2015年から始まった「マイナンバー制度」では、日本に住民票を持つすべての個人（未成年を含む）に12桁の別々の番号が与えられている。日本に住民票を持つ人であれば、どの人にも1つのマイナンバーが対応し、またマイナンバーを1つ選べば個人を特定することもできるので、「日本に住民票を持つ個人」の集合と「マイナンバー」の集合は1対1に対応している。

一方、ある高校の「A組（生徒の数は40人）に属する生徒」の集合と「誕生日」の集合（1年は365日なので365個ある）は1対1対応とは言えない。生徒1人に対してその生徒の誕生日はただ1つに決まるが、生徒40人に対して誕生日は365個もあるので、少

【1対1対応】

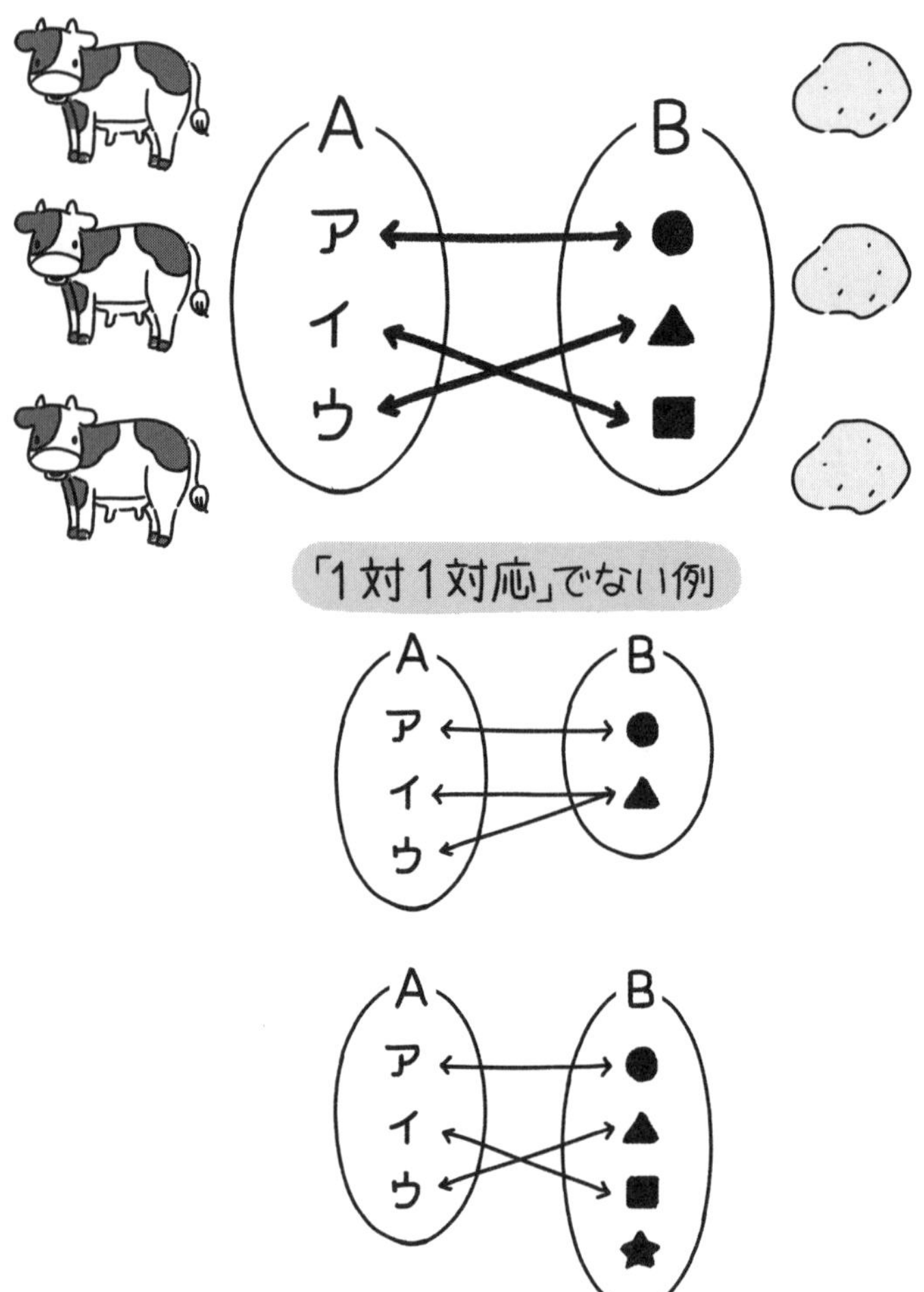

なくとも325個の誕生日には対応する生徒がいないからだ。また、1つの誕生日に対して2人以上の生徒が対応する（クラスの中に同じ誕生日の人がいる）こともあり得る（余談だが40人のクラスの中に同じ誕生日の人がいる確率は、約89％と意外に高い〔次頁の図を参照〕）。

秀吉の数学的センスはすごい

かの**豊臣秀吉が優れた数学的センスの持ち主であったことはよく知られている。**

その秀吉がまだ織田信長の家臣だった頃、「1対1対応」を巧みに使って、信長により一層信頼されるようになったというエピソードを紹介しよう。

ある時信長は調査のため、家臣の足軽たちに裏山の木の本数を数えるように命じた。もちろん足軽たちは殿の命令に従う。しかしすぐに混乱が始まった。木の数を手分けして数えているうちに、誰がどの木を数えたかがわからなくなってしまったからだ。それを見た秀吉は足軽たちに「ここに1000本のひもがある。数は数えなくてよいから、1本ずつすべての木に結んで来い」と言ったそうである。それならできると、足軽たちは再び山に入った。1時間ほど経ってすべての足軽が帰ってきたあと、秀吉は残ったひもを集めて本

【補足：40人の中に同じ誕生日の人がいる確率の求め方】

先に40人の中に1人も同じ誕生日の人がいない確率を求める。

まず無作為に1人を選ぶ。この人の誕生日はいつでも構わない。

次の人（2人目）が最初の1人と誕生日が違う確率は$\frac{364}{365}$、

その次の人（3人目）が前の2人と誕生日が違う確率は$\frac{363}{365}$……と考えていくと、

40人の中に1人も同じ誕生日の人がいない確率（全員の誕生日が違う確率）は、

$$1 \times \frac{364}{365} \times \frac{363}{365} \times \frac{362}{365} \times \cdots\cdots \times \frac{326}{365} = 0.1087\cdots\cdots$$

と計算できる。

よって40人の中に同じ誕生日の人がいる確率は

$1 - 0.1087\cdots\cdots = 0.8912\cdots\cdots$より、約89%である。

ちなみにグループの人数ごとに同じ誕生日の人がいる確率を計算してみると、次のようになる。グループの人数が60人を超えると99%を超える。

グループの人数(人)	5	10	15	20	25	30	35	40	45	50	55	60
同じ誕生日の人がいる確率(%)	2.71	11.69	25.29	41.14	56.87	70.63	81.44	89.12	94.10	97.04	98.63	99.41

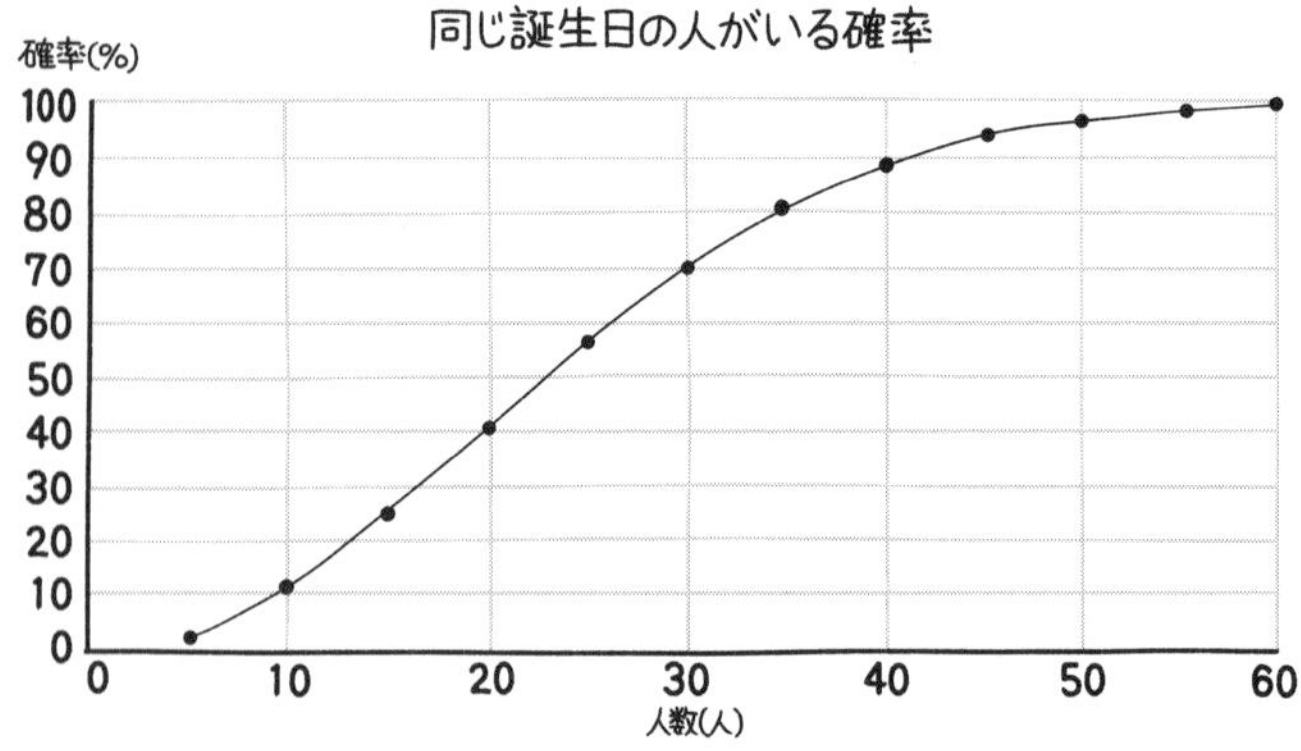

数を数えさせた。仮にその本数が220本なら、木の本数は780本であることがわかる。秀吉は数えづらい木の1本1本を数えやすいひもに1対1対応させることで、見事に裏山の木の本数を数えたのだ。この一件で秀吉は信長からもまた家臣からも、益々一目置かれるようになったと言われている。

100人の招待客がいる結婚式の披露宴で、全員が揃ったかどうかはひと目でわかる。なぜなら、結婚式の披露宴では通常、招待客の人数分の席しか用意されていないからだ。しかも普通、席は事前に決められているので、欠席者がいる場合、席次表を見れば誰が来ていないかもすぐにわかる。立食のパーティーではこうはいかない。

また映画館の来場者の数を知りたいとき、館内に入って「1人、2人、3人、……」と数えるのは大変である（途中で移動したり、トイレに行ったりする観客もいるだろう）。でも、そんな必要はない。入り口でもぎったチケットの半券の数を調べれば確実だ。

このように、現代でも効率よくものの数を数えるために、1対1対応は広く使われている。

デカルトの工夫

1対1対応が利用されるシーンは、ものの数を数えるときばかりではない。座標を導入することで図形やグラフを数式で表せるようになったのは、図形上の点と(1,2)のような1組の数とが1対1に対応しているからである（162頁）。

デカルトが座標を導入した経緯を見ると、ものの数を数えるという以上の意味があったことがわかる。彼は幾何学を考える上での困難を、数式を変形処理するという**機械的な作業に変換**したのだ。

学生時代、方程式を解くような問題より、図形の問題の方が苦手だったという人は多いと思う。少なくとも私の塾の生徒を見ていると、1次方程式、2次方程式、連立1次方程式等の問題は、解き方を教えればほとんど誰でもできるようになる。実際、これらの基礎的な方程式を解く方法は確立されているから、手順さえ知っていれば答えが得られる。

しかし、図形の問題はなかなかそういうわけにはいかない。ある問題の解き方がわかっても、別の問題ではまた1から新鮮に頭を悩ませなくてはいけないケースが多いのだ。図形問題には「センス」や「ヒラメキ」が必要だと言われるゆえんである。

こうしたジレンマはデカルト自身も痛感していた。そこで、幾何の問題を考えることを、方程式を解く（数式を変形する）という単純作業にすり替えるために、図形と数（座標）とを1対1に対応させることを考えたのだった。

難しかったり複雑だったりする問題を、1対1対応を使うことで、より簡単で単純な問題に変換することは、コンピュータのアルゴリズム（計算手順）などにも大いに利用されている。それができれば、コンピュータの負荷を減らして、迅速に結果を導くことができるからだ。

さらに、**関数**の世界でも1対1対応は重要である。

ここで関数についておさらいしておこう。「yがxの関数である」とは、**「xの値によってyの値が一通りに決まる」**という意味である。

「関数」はもともと中国から輸入した言葉であるが、当時は「函数（かんすう）」という漢字を使っていた。1958年頃から当時の文部省が、なるべく当用漢字（現在は常用漢字）を使って学術用語の統一をはかろうとしたため、「関数」と表記するようになったが、関数の本質は「函数」の方がわかりやすい。

函は訓読みすると「はこ」。「yがxの函数（関数）である」とは、yはxが入力された函から得られた数であるという意味だと思ってもらっていい。ただし、ここで言う「函」はデタラメな函ではない。街に置いてある自動販売機のように、入力（ボタン）に対する出力（商品）が1つに決まっている「信用できる函」である。

しかし、自動販売機では（人気のある商品など）いくつかのボタンが同じ商品に対応していることもあるので、出てきた商品からはどのボタンを押したかを1つに特定できないことが多い。つまり多くの自動販売機のボタンと商品の種類は1対1には対応していない。

これは言わば、1つの原因に対して1つの結果が対応しているが、1つの結果から1つの原因を特定することはできないようなものである。

ドラえもんのひみつ道具からイメージする

恋人が不機嫌なとき、原因がわからなくて困ったことはないだろうか？　また、ゴルフのスコアが落ちたとき、原因が特定できれば即座に修正も可能だろう。朝は恋人の機嫌が悪い、力むとドライバーショットがスライスするなど、原因によって起こる結果が決まっ

【関数の函】

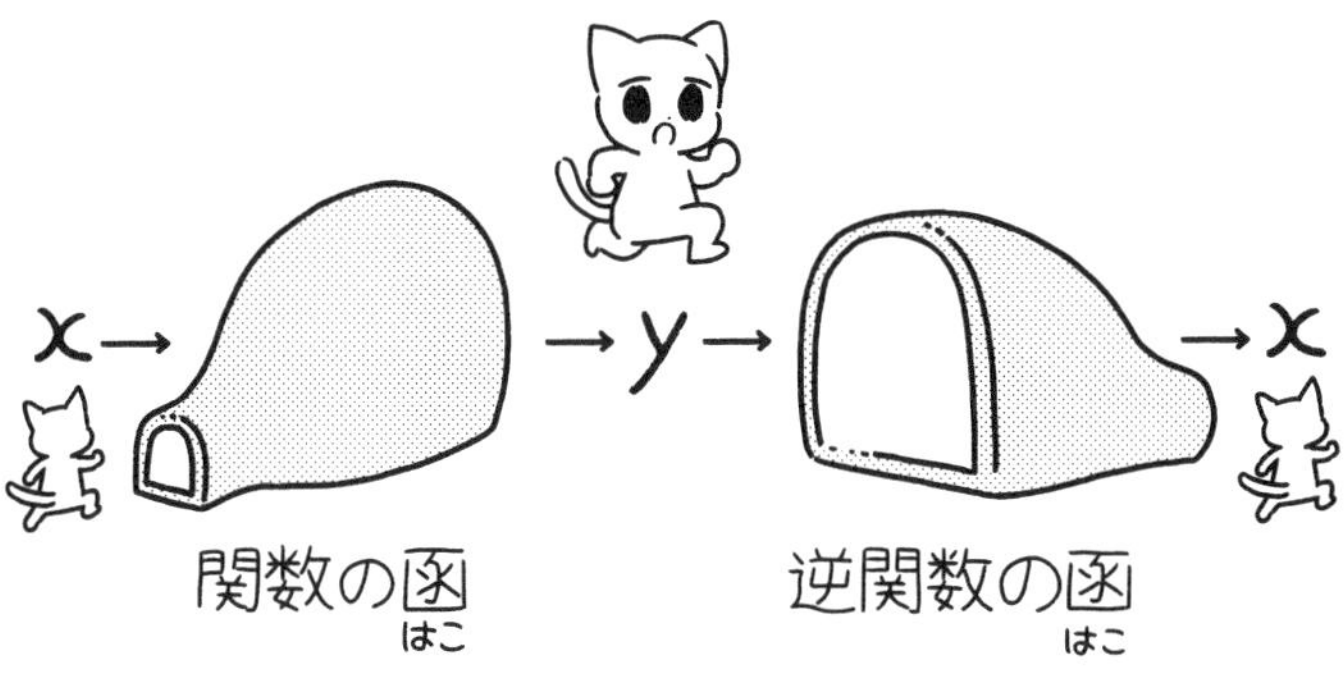

ているだけでもありがたい事は多いが、その上もし結果から原因も特定できるのであればこんなに心強いことはない。

原因から結果が特定でき、さらに結果から原因も特定できるとき、原因と結果の間には1対1対応が成立する。

同様に「yがxの関数であると同時にxもyの関数である」とき、xとyは1対1に対応していて、このようなとき数学では「**逆関数**が存在する」と言う。

ある関数の逆関数が存在すれば、その関数の「函（はこ）」によってxをyに変換した後、「函（はこ）」を逆に通過することによってyをxに戻すことができる。ドラえもんのひみつ道具の1つである「ガリバートンネル」をイメージしてもらうといいかもしれない（「ガリバートンネル」というのはトンネルの両端が大きい口と小さい口になっていて、大きい口から入れば小さくなるが、小さい口から入り直せば元の大きさに戻るという道具である）。

関数における1対1対応（逆関数）は、コンピュータでデータをやり取りする際などに使われる「圧縮」にも応用されている。

データを圧縮する方法には、**可逆圧縮**と**非可逆圧縮**がある。可逆圧縮というのは、圧縮されたファイルから元のファイルを復元できる圧縮方法であり、非可逆圧縮では一度圧縮されたファイルから元のファイルを復元することはできない。画像ファイルで言えば「png（ピング）ファイル」は可逆圧縮であるが、「.jpeg（ジェイペグ）ファイル」は非可逆圧縮である。

可逆圧縮では逆関数が存在するような関数が使われていて、元のファイルのデータと圧縮後のファイルのデータは1対1に対応する。一方、非可逆圧縮では、圧縮によって元のファイルのデータの一部は失われてしまうので、元のデータと圧縮後のデータは1対1には対応しない。ただし、非可逆圧縮は可逆圧縮に比べてデータのサイズが小さくなるというメリットはある。こちらのメリットを取りたい場合には、あえて逆関数の存在しない関数、つまり1対1対応が崩れる変換が行われるのである。

数学は、数字が生まれる以前から「1対1対応」と共に発展してきた。それだけに、**「1対1対応がわかる」**というのは**「順序関係がわかる」「観察ができる」「抽象化できる」**等と並んで、数学的能力の最も基本となる力である。

フェルミ推定と「だいたい」

ジーンズの市場規模を推定する

大学1年生のとき、友人としたある会話を今でも覚えている。話を切り出したのは私だった。

「なあ、お前ジーンズっていくつ持っている?」

「え?　なに急に」

「いや、昨日ジーンズを買ったんだけどさ、みんなどれくらい持っているのかな~と思って」

「俺は……今持ってるのは3本くらいかな?　履きつぶしたのは捨てちゃうしね」

「俺もそんなもん。ちなみに1年でどれくらい買う？」

「うーん……1年に1本くらいだね」

「みんなも同じかな？」

「買う人はもっと買うだろうし、滅多に買わない人もいるだろうけど、俺たちの世代（20代）は、俺らくらいが平均じゃない？」

「だよね。俺もお前も大してオシャレじゃないしね」

「ほっとけよ（笑）。ただ、もっと年配になると、全然買わない人もいるだろうから、国民全体で考えたら、**1人あたりの平均は年間0・5本**とかじゃないの？」

「そうだね。だとすると……日本の人口が約1億2000万人だから、日本全体では1億2000万×0・5で、**約6000万本**ってとこか。ジーンズの平均単価ってどれくらいだろう？」

「エドウィンとかリーバイスとかは1万円くらいするのもあるけど、ノーブランドや子ども用はもっと安いのもあるだろうから、**1本平均5000円**ってことにしちゃうと、日本のジーンズの市場規模は……6000万本×5000円で、だいたい**3000億円**くらい？」

「0・3兆円か。国内GDP（約500兆円）の0・6％くらいなんだね。落合1000人分だね（当時、プロ野球の落合博満選手の年俸が3億円くらい。私も彼も野球好きだった）。……じゃあ、世界ではどうだろう？」

「世界か〜。世界的にはジーンズをまったく履かない文化圏もあるだろうから、1人あたりの年間購入本数はもっと少ないだろうね。1人あたり年間0・1本とか0・2本とか？」

「じゃあ**1人あたり年間0・2本**ってことにしちゃうと、世界人口は約60億人（2000年当時）だから、60億人×0・2本×5000円で、**6兆円**くらいか」

「なるほどね〜〜」

こんな具合だった。他愛もない会話から、ジーンズの国内と世界の市場規模の推定値が出たことが面白くて印象に残っているのだ。

ちなみに、2020年現在、ジーンズの国内市場規模は約1000億円、世界の市場規模は約6兆円である。国内市場規模の方は、私たちがはじき出した数字の半分以下であるが、先日ある雑誌の記事に「若者のジーンズ離れが進んでいて、売上が20年前の半分にまで落ち込んでいる店もある」と書いてあったから、3000億円というのはそう悪い推定値ではない。そもそもこの手の推計では、**「ケタ違い」でなければ十分**である。また世界市場規模の方はぴったりであるが、世界人口は今や約75億人だから、当時はもう少し少なかったかもしれない。ただ、いずれにして「ケタ違い」ではない（余談だがこのときの友人は今、母校の東京大学で准教授として後進の指導にあたっている）。

原子力の父とフェルミ推定

私たちの会話のように、**だいたいの値を見積もること**を**フェルミ推定**という。近年では、さまざまな企業の入社試験で「東京にはマンホールがいくつあるか？」等の問題が出題されていて、フェルミ推定は就活生にとっては必須の技能になっているようだ。

私が学生だった約20年前には、フェルミ推定という言葉はなかった。フェルミ推定は2004年に出版されたスティーヴン・ウェッブ著『広い宇宙に地球人しか見当たらない50の理由』の中で初めて使われたと言われている。

ただ、少なくとも理系の学生の間では「だいたいの値を見積もる」ことは、昔から当たり前に行われていた。実験を行うとき、最初に仮説（自然現象を説明するために仮に設ける説。仮説が実験によって公認されれば新たな法則や理論になる）を立てるわけだが、仮説の中で、得られる結果がどれくらいの値になるのかは、あらかじめ見積もる必要がある。それがなければ、どれほどの精度の実験器具を用意するべきかがわからないからだ。

またあらかじめ見積もっておけば、明らかに「おかしな値」＝「予想と大きく違う値」になったときに、実験の失敗（もしくは予想だにしなかった大発見）を疑うこともできる。

フェルミ推定の名前の由来になったのは、「原子力の父」として知られるアメリカのノーベル賞物理学者**エンリコ・フェルミ**（１９０１〜１９５４）である。理論物理学者としても実験物理学者としても目覚ましい業績を残した**フェルミは、「だいたいの値」を見積もる達人**でもあった。爆弾が爆発した際、ティッシュペーパーを落とし、爆風に舞うティッシュの軌道から爆弾の火薬の量を概算で弾き出したこともあったらしい。

そんなフェルミがシカゴ大学で行った講義で、新入生に出した次の問題は有名だ。

「シカゴにはピアノ調律師が何人いるか？」

フェルミが物理学科の新入生に対してこのような問題を出したのは、物理の世界で生きていくのなら、未知の事柄について推定ができる能力は非常に重要である、というメッセージだったのだと思う。ここでの目的は、正確な値（本当の人数）を出すことではない。

シカゴのピアノ調律師の人数を正確に把握したいのなら、シカゴピアノ調律師協会（という組織があるかどうかは知らないが）的なところに電話で確認すれば済む。大切なのは、未知の値であっても、既に自分が持っているデータを使って論理的に「だいたいの値」が求められるかどうかなのだ。

フェルミ推定の手順は次頁のフローチャートの通りである。「シカゴのピアノ調律師の数」を例に順に見ていこう。

① 仮説を立てる

「シカゴにおいてはピアノ調律師の需要と供給のバランスが取れている」という仮説を立てて、以下「シカゴにあるすべてのピアノを調律するために必要な調律師の人数」を考えることにする。

② 問題をいくつかの要素に分解する

この問題を考えるために必要なデータと推定量は何かを洗い出す。

・シカゴの人口

【フェルミ推定の手順】

① 仮説を立てる

② 問題をいくつかの要素に分解する

③ 既知のデータを活用する

④ 各要素の推定量を決定（算出）する

⑤ 総合する

・1世帯あたりの人数
・ピアノを持っている世帯の割合
・ピアノ1台あたりの調律の回数（年間）
・調律師1人あたりの調律の回数（年間）

③ 既知のデータを活用する

シカゴのピアノ調律師が何人いるかを見積もるために必要なデータは、シカゴの人口である。シカゴの人口はおよそ**300万人**（私たちには馴染みがないかもしれないが、シカゴ大学に通う学生にとってはおそらく「常識」だろう）。

④ 各要素の推定量を決定（算出）する

《推定量1：1世帯あたりの人数》

人口300万人の街に世帯はどれくらいあるだろうか？　もちろん1人の世帯も4人の世帯も10人の世帯もあると思うが、平均して**1世帯の人数は3人**ということにしよう。

《推定量2：ピアノを持っている世帯の割合》

さて、このうちピアノがある世帯はどれくらいだろう？　日本とアメリカでは事情が違うかもしれないが、小学校のときにピアノを習っていた子どもはクラスに何人くらいいたかを考えてみてほしい。40人（共学）のクラスなら、ピアノを習っているのは4〜5人というケースが多いのではないか？（ちなみに私は男子校だったので、ピアノを習っているのはクラスに1〜2人だった）。

そこで、ピアノを持っている世帯は全世帯の10％ということにしよう。中学〜高校になるとピアノをやめてしまう人は少なくないし、誰も弾かないピアノは除外すべき（調律される機会がないから）なので少し多めだが、家庭以外にも学校や公民館、ホールなどにもピアノはあるので、だいたいこの程度だろう。

《推定量3：ピアノ1台あたりの調律の回数（年間）》

ピアノは普通、**1年に1回**は調律が必要である。

《推定量4：調律師1人あたりの調律の回数（年間）》

1人の調律師が1年で調律できる台数を考える。何台くらいだろう？　ピアノの調律というのは重労働でとても時間がかかる。どんなに頑張っても1日に3台が限

【各要素の推定量を算出】

世帯数：

300［万人］÷3［人/世帯］＝100［万世帯］

ピアノの台数：

100［万世帯］×10％＝10［万台］

必要な調律の回数（年間）

10［万台］×1［回/台］＝10［万回］

必要な調律師の数（年間）

10［万回］÷750［回/人］＝133.3……［人］

度だろう。また、調律師は週休2日で年間250日稼働すると考える。

3台×250日＝750［台］より、1年で1人が調律できるピアノ台数は**750台**。

⑤ 総合する

以上をふまえてシカゴのピアノ調律師の数を推定する。

上の計算から、シカゴのピアノ調律師の数は約**133人**と推定される。

ただし、これは私なりの推定であり、

133人だけが正解、というわけではない。既知のデータと推定量を適切に組み合わせて為された推定であれば、133人でなくてもその推定は「正しい」と言える。

フェルミ推定は大きくハズれない

フェルミ推定は自分でいろいろとやってみるうちに上達するものである。ぜひ、身のまわりの数字を見積もってみてほしい。たとえば、年間の自動車の販売台数とか、国内のワインの消費量とか、サッカー選手が1試合で走る距離とか、人間の細胞の数とか……。

実は、こうした値についてフェルミ推定を行うと、冒頭のジーンズの例のように、本当の値から大きくはハズれない（ケタ外れではない）ことが多い。それを不思議に思われるかもしれないが、これは各推定量の過不足が互いに打ち消し合うためである。

推定量がすべて大きすぎるとか、すべて小さすぎるということは滅多にないのだ。そういう意味では、フェルミ推定のコツは問題をできるだけ細かく分割することである。推定量を多くすれば多くするほど、見積もりが真の値から大きく外れるリスクが減る。

もし今これを読んでくれているあなたが数字に弱い人なら、そして数字に強くなりたいと願っているなら、まずこのフェルミ推定に挑戦することをオススメする。いきなりハードルが高いと思うだろうか。でも使う計算は簡単な算数だし、なんと言っても「ケタ違いでなければいい」という気軽さがある。それに少し慣れてくれれば、ほとんど知識のない事柄についても、当たらずも遠からずの見積もりができてしまうという面白さもある。そんなところから数字を好きになってくれたら、私も嬉しく思う。

先頭に来ることが最も多い数字

ベンフォードの法則とは？

私たちの身のまわりにあるたくさんの数字たち。新聞を読んでも、本を読んでも、ネットの記事を読んでも、必ずと言っていいほど数字は登場する。もちろん、営業成績、電話料金、住所、人口、株価等もすべて数字である。

言うまでもなく、すべての数値は0～9の数字の組み合わせでできている。先頭の数字（最上位の桁の数字）に限って言えば、1～9のいずれかだ。では、ありとあらゆる数値の中で、先頭の数字として最も多い数字は何だろう？

「いろいろな数字が出てくるわけだから、どれも同じくらいじゃないか？」

と思われるかもしれない。

【先頭の数字別の割合】

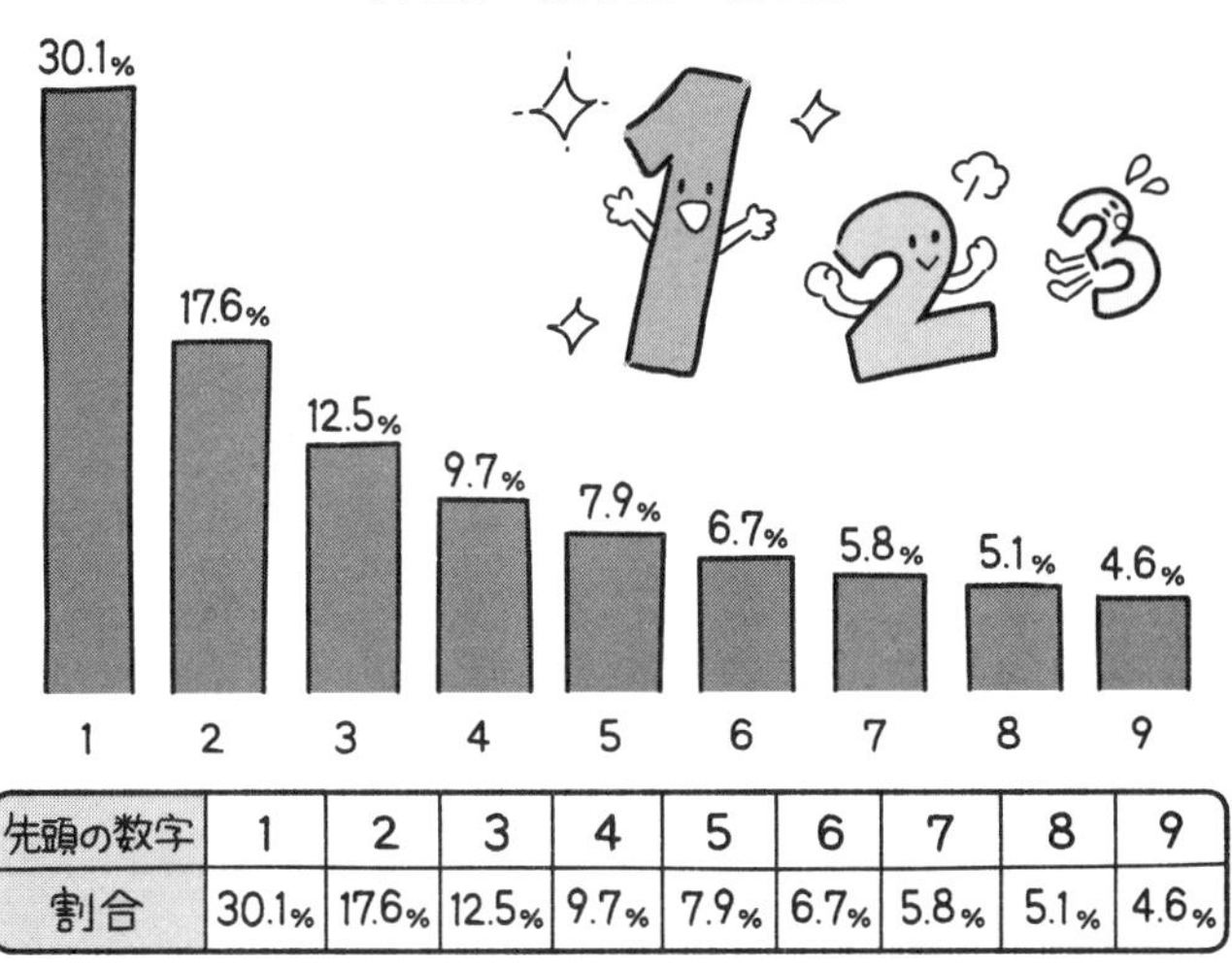

先頭の数字	1	2	3	4	5	6	7	8	9
割合	30.1%	17.6%	12.5%	9.7%	7.9%	6.7%	5.8%	5.1%	4.6%

あるいは

「時と場合によってバラバラなのだから、わかるわけないでしょう？」

という感覚も理解できる。

しかし、先頭の数字の表れ方には際立った規則性がある。ここではそれを紹介したいと思う。

実は、先頭の数字の割合は一様ではないことがわかっている。先頭の数字として最も多いのは1であり、**1から始まる数値の割合**は全体の**約30%**を占める。

仮に1〜9の数字が均等に現れるのなら（先頭の数字なので0は除く）$\frac{1}{9} \fallingdotseq$ 11%になるはずだから、30%

というのはずいぶん高い割合である。ちなみに先頭の数字が大きくなるほど、割合はだんだん小さくなり、9で始まる数の割合は全体の5％＝1/20ほどしかない。

これを**ベンフォードの法則**という。

前頁のグラフと表は、ベンフォードの法則に基づいて計算した結果である。**先頭の数字が1〜3である数値は全体の6割を超える**ことがわかる。

この法則をアメリカの物理学者**フランク・ベンフォード**（1883〜1948）が提唱したのは1938年のことだった。ジュリアン・ハヴィル著『世界でもっとも奇妙な数学パズル』によると、当時彼は、分子量、人口、新聞の記事など、2万例を超えるサンプルを集めて、この法則にたどり着いたそうである。

次頁の表に、ベンフォードの調査結果をまとめた。HP損失（ヒートポンプ＝熱を集める装置におけるエネルギーの損失）や、黒体（光をまったく反射しない物体）についてのデータなど、物理学者らしい専門的なものも含まれるが、約2万例の平均が理論値に極めて近いことに驚く。また個別に見ていくと、「川の流域面積」「新聞記事に出てくる数字」「圧力」「デザイン」「住所」などに現れる数字の分布が理論値にとても近いことは興味深い。反対に、「物理定数」「分子量」「原子量」などは比較的誤差が大きくなっている。

【ベンフォードの調査結果】

先頭の数字	1	2	3	4	5	6	7	8	9	サンプルの数
川の流域面積	31	16.4	10.7	11.3	7.2	8.6	5.5	4.2	5.1	335
人口	33.9	20.4	14.2	8.1	7.2	6.2	4.1	3.7	2.2	3259
物理定数	41.3	14.4	4.8	8.6	10.6	5.8	1	2.9	10.6	104
新聞記事に出てくる数字	30	18	12	10	8	6	6	5	5	100
比熱	24	18.4	16.2	14.6	10.6	4.1	3.2	4.8	4.1	1389
圧力	29.6	18.3	12.8	9.8	8.3	6.4	5.7	4.4	4.7	703
HP 損失	30	18.4	11.9	10.8	8.1	7	5.1	5.1	3.6	690
分子量	26.7	25.2	15.4	10.8	6.7	5.1	4.1	2.8	3.2	1800
排水量	27.1	23.9	13.8	12.6	8.2	5	5	2.5	1.9	159
原子量	47.2	18.7	5.5	4.4	6.6	4.4	3.3	4.4	5.5	91
$\frac{1}{n}$、$\sqrt{n}$	25.7	20.3	9.7	6.8	6.6	6.8	7.2	8	8.9	5000
デザイン	26.8	14.8	14.3	7.5	8.3	8.4	7	7.3	5.6	560
リーダーズ・ダイジェスト	33.4	18.5	12.4	7.5	7.1	6.5	5.5	4.9	4.2	308
原価データ	32.4	18.8	10.1	10.1	9.8	5.5	4.7	5.5	3.1	741
X 線電圧	27.9	17.5	14.4	9	8.1	7.4	5.1	5.8	4.8	707
アメリカン・リーグ	32.7	17.6	12.6	9.8	7.4	6.4	4.9	5.6	3	1458
黒体	31	17.3	14.1	8.7	6.6	7	5.2	4.7	5.4	1165
住所	28.9	19.2	12.6	8.8	8.5	6.4	5.6	5	5	342
数学の定数	25.3	16	12	10	8.5	8.8	6.8	7.1	5.5	900
死亡率	27	18.6	15.7	9.4	6.7	6.5	7.2	4.8	4.1	418
平均	30.6	18.5	12.3	9.4	8	6.4	5.1	4.9	4.8	計20229
理論値	30.1	17.6	12.5	9.7	7.9	6.7	5.8	5.1	4.6	

【指数関数的な増加】

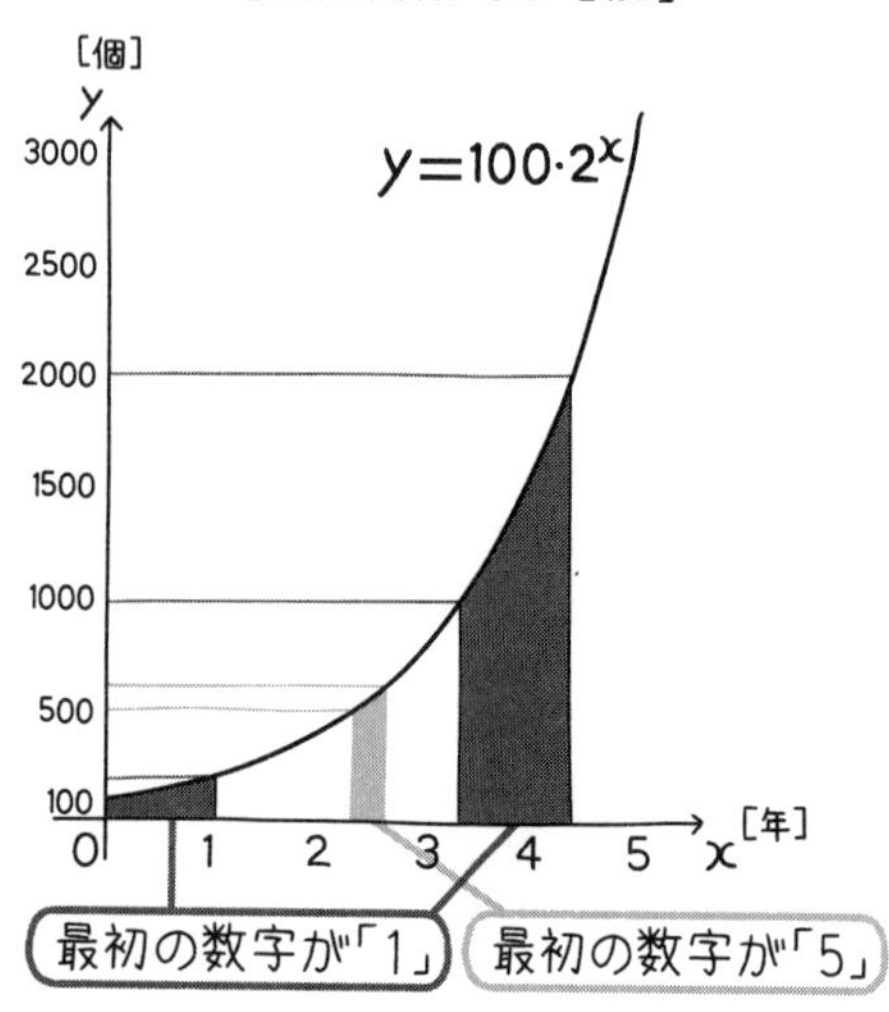

細菌は指数関数的に増加する

ものによって、理論値によく一致するものと、そうでもないものがあるのはなぜだろうか。

ベンフォードの法則が成り立つ理由を、直観的に考えてみよう。

たとえば細菌の増殖のように、自然界では、その数が一定の時間間隔で2倍になっていくことは珍しくない。

このようなとき、仮に1年で倍になるとすると、初めに100個あったものは1年後には200個になる。2年後は400個、3年後は800個、4年後は1600個である。このような増え方を**指数関数的な増加**（38頁参照）と言う。前頁のグラフはこの増え方を表したものである。

この例では100個から200個に増えるまで1年かかる。この間、個数の最初の数字はずっと1のままである。これに対し、たとえば個数の最初の数字が5である期間（500個から600個に増える期間）は約3ヶ月しかない。

同じように、1000個から2000個に増えるのにかかる時間は1年だが、5000個から6000個に増えるのにかかる時間は（グラフにはないが）やはり約3ヶ月である。他のケースでも指数関数的に増加する変化においては、最初の数字が1である期間は、最初の数字が他の数字である期間に比べて、とりわけ長くなる。

単位系を変えても同じ性質？

また、特に指数関数的な変化はしなくても、ベンフォードの法則がよくあてはまるケースがある。それは、会員番号のように1から順に番号が付けられるケースである（「0001」のように、0から始まるナンバリングは考えない）。

【会員番号の先頭の数字別カウント】

先頭の数字	1	2	3	4	5	6	7	8	9	会員数
個数	**112**	111	111	111	111	111	111	111	111	1000
	1111	112	111	111	111	111	111	111	111	2000
	1111	**1111**	112	111	111	111	111	111	111	3000
	1111	**1111**	**1111**	112	111	111	111	111	111	4000
	1111	**1111**	**1111**	**1111**	112	111	111	111	111	5000
	1111	**1111**	**1111**	**1111**	**1111**	112	111	111	111	6000
	1111	**1111**	**1111**	**1111**	**1111**	**1111**	112	111	111	7000
	1111	**1111**	**1111**	**1111**	**1111**	**1111**	**1111**	112	111	8000
	1111	**1111**	**1111**	**1111**	**1111**	**1111**	**1111**	**1111**	112	9000
	1112	1111	1111	1111	1111	1111	1111	1111	1111	10000

〔太い数字は最大個数〕

たとえば、会員数５０００人のファンクラブがあるとする。すると、先頭の数字が５、６、７、８、９の会員番号は、先頭の数字が１、２、３、４の数字に比べて極端に少なくなる。上の表は、会員数が１０００人～１万人のキリのいい数のときに、先頭の数字別に個数をカウントしたものである。

先頭の数字が１のものは、すべての会員数で最大個数になっているのがわかるだろう。

会員番号のように順々に番号が与えられるとき以外でも、人口や川の長さのようにある範囲の中でほぼ一様に数字が散らばっていることが期待されるケースでは同様の現象が起き、やはりベンフォードの法則がよくあてはまる。

ただし、電話番号のように別のルールによって決められる数の並びや、センター試験の得点のように正規分布（統計における最も重要な分布。左右対称の釣り鐘型になる）に支配されるデータは、ベンフォードの法則に従わない。

また、値の範囲に制限のないランダムな数の集合も、ベンフォードの法則の適用外である。しかし、新聞の記事に登場する数字のように、ベンフォードの法則に従わないいくつかの分布からランダムに集めたデータは、再びベンフォードの法則に従うことが知られている。

以上より、特に良い精度でベンフォードの法則が成り立つのは、次のケースである。

- **指数関数的に増加する数字の集まり**
- **ある範囲の中で順々に与えられた数字の集まり**
- **ある範囲の中で一様に分布することが期待される数字の集まり**
- **いくつかの分布から無作為に選ばれた数字の集まり**

ベンフォードの法則を数学的に証明するには、**スケール不変**という性質を拠り所にするのが一般的である。スケール不変とは、単位系を変えても同じ性質が成立することを意味する。もし、本当にベンフォードの法則が真理を表しているなら、(ベンフォードの法則に従う例として有名な)川や湖の面積の値を別の測定単位系にしても、同じ結果になるはずである。神様はヤード法よりもメートル法の方を好むなどということは考えられない。

ということは、最初の数字について普遍的な法則があるのなら、それはスケール不変でなければならない。スケール不変の性質を微分方程式で表し、これを解けば、数学的にベンフォードの法則を導くことができるのだが、本書では割愛させていただく(興味のある方は、前出の『世界でもっとも奇妙な数学パズル』に詳しい証明が載っているのでご覧いただきたい)。

数字の不正を見抜くコツ

本章は「とてつもない便利さ」というのがテーマなので、ベンフォードの法則がどのように社会の役に立つのかを最後に紹介しておこう。

Googleの黎明期に収益源となる広告モデルを設計し、「Googleを世界一にした経済学者」とも言われる**ハル・ヴァリアン氏**（1947〜）は、1972年に**「ベンフォードの法則を応用すれば、粉飾決算を見抜くことができる」**と提唱した。

会社の帳簿などで金額を偽装しようとする人はこの法則を知らずに、先頭の数字について均等すぎる分布で数値を書いてしまったり、逆に偏りすぎる分布で書いてしまったりする。すると1から始まる数値の割合がベンフォードの法則から大きく外れることになり、偽のデータであることが発見できるのだ。

実際、1990年代の初めにこんなことがあった。会計学校講師の**マーク・ニグリニ氏**が学生に対して「企業収支の各数値の最高桁の数字がベンフォードの法則に従う分布を示すかどうか確かめよ」という課題を出したところ、ある学生が、親戚の経営する金物屋の帳簿の数字がベンフォードの法則とはまったく違うものであることを発見し、これが帳簿の不正発覚に繋がってしまったらしい。

現代では、会計監査の他、選挙における不正投票の検証にもベンフォードの法則は使われている。

有益な情報の見つけ方

データの山から不正使用を掘り起こす

データマイニングという言葉を聞いたことがある方は多いと思う。「ビッグデータ」と共に、ここ数年で急速に使われるようになった。データマイニングを直訳すると、「データ（data）から潜在的なニーズを掘り出す（mining）」という意味になる。もともとは、Knowledge Discovery in Databases（KDD：データベース内の知識発見）と呼ばれる学術的な研究分野において、1990年代後半から使われ始めた用語である。

その後、2000年以降のＩＴ革命によってインターネットが普及し、コンピュータの能力が飛躍的に伸びたことで、ビジネスの世界でもいわゆるビッグデータが蓄積されるようになった。これにより、一般社会でも**膨大なデータの解析を通して、それまでは**

明らかになっていなかった有益な情報を引き出すといったニュアンスを含んだ「データマイニング」という言葉が広まった。

余談だが、big dataという用語は2010年にイギリスのビジネス誌『エコノミスト』で紹介されたのが最初である。またこの頃から膨れ上がったデータの分析を専門に行い、企業や社会に貢献するデータサイエンティストという職業が台頭する。

世の中にデータマイニングの事例を最初に紹介したのは、1992年の12月23日に発行された『ウォール・ストリート・ジャーナル』の記事だったと言われている。記事は「アメリカの大手スーパーがレジのデータを分析したところ、17~19時の間に紙おむつを買った顧客は、ビールも一緒に買う傾向があることがわかった」と伝えた。

このことから「子どものいる家庭では、夕方に妻から紙おむつの買い物を頼まれた夫がついでにビールも買って帰るのではないか?」などと考察することができる。また、紙おむつと缶ビールを並べて陳列すれば、さらに売上が上がることも期待できそうである。

恥ずかしながら、私はクレジットカードを不正使用されたことがある。しかし、幸い大きな被害には至らなかった。なぜなら、カード会社から「○月○日にiTunes Storeで3000円のご利用がありますが、間違いありませんか?」という電話連絡があったからである。iTunes Store自体は利用経験があるが、指摘された買い物をした記憶はない。その旨を伝えると、「わかりました。それでは不正使用が発覚しましたので、こちらのカードを無効にいたします。不正利用分の請求はございませんのでご安心ください」とのことだった。このカード会社で本当によかったと思う。それにしても、どうしてたった3000円の、しかも過去には実際に使ったことのあるサイトでの買い物なのに、不正を見つけることができたのか？　実はこれこそデータマイニングのなせる業である。

私はふだん、リアル店舗でもネットでも自由気ままに買い物をしている。初めて行くお店やサイトももちろんあるし、金額だってまちまちだ。それでも過去の利用履歴（私はこのカード会社を20年以上使っている）を分析すれば、私の買い物には（私の気づいていない）一定のルールがあることがわかり、そこから外れている買い物を拾い出せる。

カード会社には、すべての顧客の利用データが蓄積されている。それらは不正使用の発見だけでなく、企業のマーケティングのためにも非常に重要な情報である。顧客の住所、年齢、性別、職業などのプロフィールと買い物履歴をひも付けることで、たとえば「横浜市在住の40代男性、自由業」の客がどういう買い物をする傾向があるのかを割り出せるからだ。それが効率の良い宣伝や、ニッチなニーズを捉えた商品開発につながるのは言うまでもない。

相関関係と因果関係

一般に、一方が増えれば他方も増えるといった大まかな傾向があることを**「相関関係がある」**と言う（一方が増えれば他方も増える傾向があれば**正の相関**、一方が増えれば他方は減る傾向があれば**負の相関**があると言う）。『ウォール・ストリート・ジャーナル』の記事における紙おむつと缶ビールのように、意外な組み合わせに相関関係が見つかれば、売上の伸びが期待できるかもしれない。相関関係の発見は、データマイニングにおける1つの柱である。

ただし、相関関係を調べるときには、注意しなくてはいけないことが2つある。

1つは、**得られた相関関係は、あくまでもその調査対象についての結果**だということ。たとえば私の塾の生徒には「英語の点数が高いほど、数学の点数も高い」という正の相関関係がある（あくまでそういう傾向があるというだけであり、例外もある）。しかし、これが全国の高校生にあてはまる傾向なのかどうかは、一概には言えない。

意外な組み合わせに相関関係が見つかったり、逆に期待通りの結果になったりすると、つい「驚くような（あるいは好ましい）法則が見つかりました！」と声高に言いたくなってしまうものだが、母集団のすべてについて調べたわけではないときは、特に慎重な判断が求められる。

それともう1つ。ある2つの量の間に相関関係が見つかったとしても、両者に**因果関係**（原因と結果の関係）があるとは決めつけられないことも要注意である。

XとYの間に因果関係があれば、XとYには必ず相関関係が認められる。しかし逆は必ずしも正しいとは言えないのだ。

新聞を読む人は年収が高いか？

XとYの間に（正の）相関関係があるときには、次の5つの可能性がある。

①　X（原因）→Y（結果）の関係がある

②　Y（原因）→X（結果）の関係がある

【相関関係があるときに考えられる可能性】

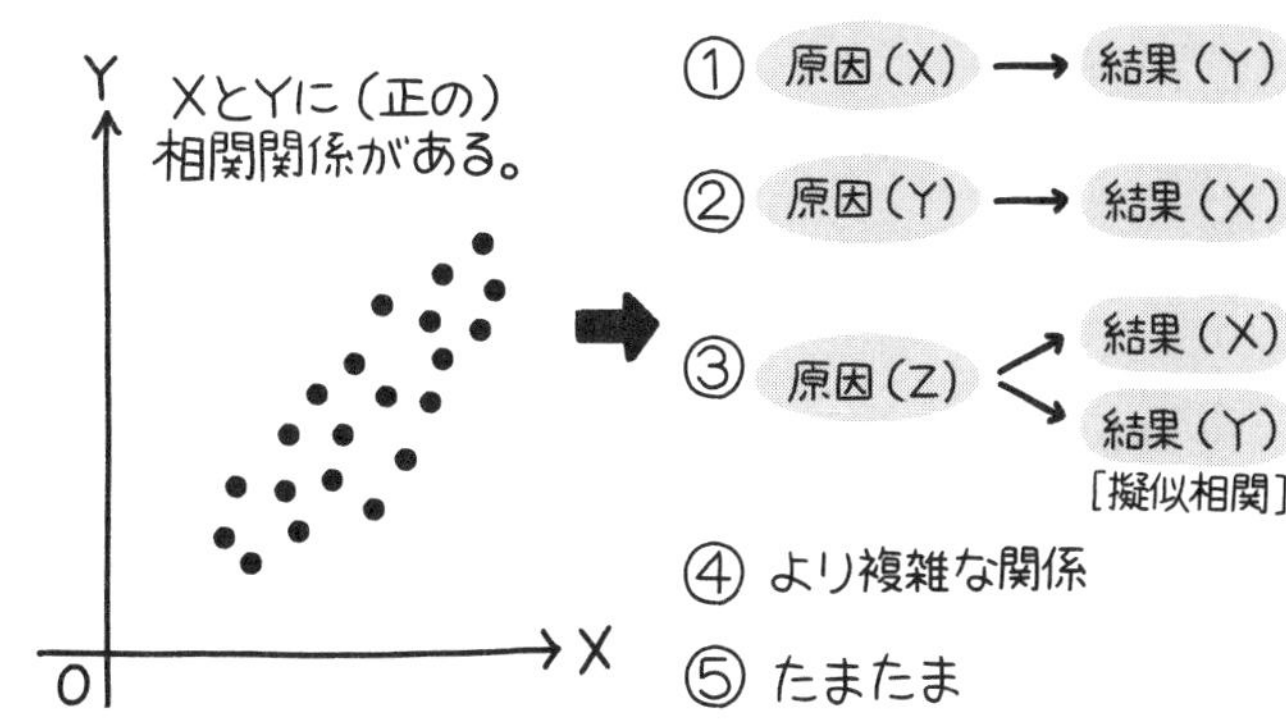

③ **XとYが共に共通の原因Zの結果である**（Z→XかつZ→Y）

④ **より複雑な関係がある**

⑤ **たまたま**

①、②について。たとえば新聞の購買と年収の間に、正の相関があったとしよう。すると「新聞を読めば年収が上がるかも！」と期待するかもしれない。でも、

新聞を読む（原因）**→年収が高い**（結果）

ではなく、

年収が高い（原因）**↓新聞を読む**（結果）

である可能性もある。年収が高まって社会的地位が上がったことで、社交上の話題作りなどの理由から新聞を読む必要性が高まったのかもしれないのだ。

③について。たとえば「動物園の売上が増えると、美容院の売上も増える。だから美容院の売上が増えたのは、動物園の売上が増えたことが原因だ」と考えるのは、明らかに間違っている。動物園も美容院も平日より休日の方が混雑する。双方の売上が増えたのは休日であるという「第3の原因」の結果であり、それぞれの売上に直接の因果関係があるわけではないと考えるのが妥当である。それなのに

休日である（原因）**↓動物園の売上が伸びる**（結果）

休日である（原因）**↓美容院の売上が伸びる**（結果）

という2つの因果関係の**結果どうしを結びつけてしまった**というわけだ。このような相関を**見かけ上の相関**や**擬似相関**という。

④や⑤について。たとえば首都圏の中学受験をする小学生の数は2015年以降、増加傾向にある。またSNSのインスタグラムの利用者数も同じように、ここ5年で利用者数を伸ばしている。でも、だからといって

首都圏の中学受験者が増える（原因）→インスタグラムの利用者が増える（結果）

インスタグラムの利用者が増える（原因）→首都圏の中学受験者が増える（結果）

と考えるのは納得できないだろう。両者に共通する「第3の原因」がある（擬似相関である）ことも考えづらい。

首都圏の中学受験者が増えている背景には、少子化によって子ども1人あたりの教育費が増えたことや、大学入試改革の不透明さからくる不安、個性的でかつ面倒見の良い私立中が増えてきたことへの期待などが考えられる。

また、インスタグラムの利用者が増えた背景にはスマートフォンの普及、「ハッシュタ

グ」文化の浸透、「インスタ映え」が流行語となったことなどが挙げられる。

首都圏の中学受験者とインスタグラムの利用者が同じ時期に増えているのは、これらが複雑にからまっているからかもしれないし、本当にただの偶然かもしれない。

いずれにしても、**因果関係が本当に成立するかどうかを見極めるのは大変難しい。**特に母集団の一部を調べて得られた相関関係については、細心の注意をはらう必要がある。

正しい統計と誤った統計

「世の中には3種類の嘘がある。普通の嘘と真っ赤な嘘と、統計だ」という言葉をご存知だろうか？

統計によってはじき出された結果は数字やグラフを介して伝えられるため、圧倒的な説得力を持つ。実際「統計的に〜です」と言われたら、反論を許さないような雰囲気を感じる人は多いのではないか。

しかし、**統計はいつも正しいとは限らない。**データが偏っていたり、適切な処理が行われていなかったり、もっとひどい場合にはデータそのものが改竄されているケースすらある。それでも、その強い説得力のせいで、間違った統計が淘汰されることなく独り歩きしてしまうケースは少なくない。

アメリカのトランプ大統領が初当選したとき、トランプ氏の勝利を事前に予測したメディアはほとんどなかった。『ニューヨーク・タイムズ』をはじめ多くのマスコミは、世論調査という「統計」を引き合いに出し、こぞって対立候補のヒラリー・クリントン氏の勝利は確実であるかのように報道していたのである。しかし、蓋を開けてみたらそれは大嘘だった。

AI、機械学習の台頭により数字が存在感を増すこれからの時代は、ますます正しい統計と誤った統計が入り乱れる世の中になると思う。だからこそ我々は、真の**統計リテラシー**（統計から的確に情報を読み解き、合理的な意思決定ができる力）を身に付けて、**宝の山であるデータから本当に必要な、そして正しい情報を引き出せる**ようにならなければいけない。

統計が国家を変えた

国家の存するところ統計あり

数学は大きく分けると、**純粋数学**と**応用数学**の2つに分けられる。

純粋数学は「**抽象的な概念を、厳密な論理的思考によって研究する**」数学であり、応用数学は「**純粋数学で培われた理論を、自然科学や社会科学、工業等に応用する際の方法や考え方を研究する**」数学である。

平たく言えば、数学をどう現実社会に役立たせるかを研究するのが応用数学の目的だ。

純粋数学においては、方程式の解法とそこから発展した線形代数、数論、群論などを研究する**代数学**、微積分を中心として関数全般の研究をする**解析学**、そして図形や空間の性質について研究する**幾何学**が主要3分野である。

一方、応用数学は学際的である（いくつもの学問領域にまたがっている）ため、その研究対象は多岐にわたり、しかも日に日に拡大している印象がある。中でも、近年特に注目が集まり、またその有用性が極めて高く評価されているのが**統計**である。

現代を生きる私たちにとって、統計がいかに重要であるかは、世論でも繰り返し言われているし、本書でも既に書いてきたので、ここでは統計がどのように生まれ、発展してきたかを概観したいと思う。統計とはなにかを理解するためにも、その歴史を知ることはきっと役に立つはずだ。

統計を意味する英語の「statistics」やドイツ語の「statistik」は、ラテン語の「status」（国家・状態）に由来していることからもわかるとおり、そもそも統計は時の為政者が人口等の国の実態を調べるために生まれた。聖書にはイエス・キリストの両親がイエスの誕生前にベツレヘムに滞在した記述がある。身重だったにもかかわらずマリア（キリストの生母）がベツレヘムに赴いた理由は、ローマ帝国が人口調査のために先祖の町まで戻ることを民に命じたからだった。

19世紀のフランスの統計学者モーリス・ブロックは**「国家の存するところ統計あり」**という言葉を残している。実際、古代エジプトではピラミッドを作るために人口や土地を調べる調査が行われた記録が残っているし、日本でも飛鳥時代に田んぼの面積とひも付けされた調査が実施された。豊臣秀吉が1592年に発令した人掃令(ひとばらいれい)では、朝鮮出兵のための兵力把握のため、全国的な戸籍調査が行われている。

こうしたことからも、統計が国家経営に欠かせないものとして発展してきたことは間違いない。国を治める者が民から税金を徴収しようとしたり、兵隊を集めようとしたりするときには、その土地にどれくらいの人がいるのかとか、どういうモノが作られているのかといったことを知る必要があるのは当然である。

近代国家は統計を大切にした

近代国家が成立した18世紀~19世紀にかけて、各国で国家運営の基礎として統計を用いることの重要性がますます強く認識されるようになり、そのための体制整備や統計調査が積極的に行われるようになった。その国に居住しているすべての人と世帯を対象に、人口・世帯とその内訳を調べる近代的な国勢調査が行われるようになったのもこの頃である。

フランスの**ナポレオン・ボナパルト**(1769~1821)は**「統計は事物の予算**

である。そして予算無くしては公共の福祉も無い」と語り、フランスでは世界に先駆けて1801年に統計局が設置された。近代国家で始まった国勢調査のように、対象となる集団全部に対して漏れなく行う調査を**全数調査**という。

数千年前の古代国家に端を発する人口調査とは一線を画す、新しい統計の世界を切り拓いたのは、イギリスのジョン・グラント（1620〜1674）だった。グラントは、教会が資料として保存していた年間死亡数等のデータをもとに、年代別の死亡率をまとめた表を**『諸観察』**と呼ばれる冊子にまとめた。その上でこの表の分析を行い、幼少期の死亡率が高いことや、地方よりも都市の死亡率が高いことなどを明らかにした。

また、当時200万人と考えられていたロンドンの人口を、データを通じて38万4000人と見積もり、限られたサンプルから全体を見積もれることも示した。

単にデータをまとめるだけでなく、それらのデータを観察することによって、一見不秩序に見える複雑な物事の間にも一定の法則を見いだせることを示したという点で、グラントの「分析」はまさに画期的だった。

グラントの手法は、ハレー彗星（すいせい）を発見したことでも知られるイギリスの**エドモンド・ハレー**（1656〜1742）に受け継がれた。ハレーは、ニュートンに世紀の名著『プリンキピア』を執筆させ、これを自費出版するなど科学的業績の多い学者だが、ある街の出生と死亡のデータをもとに、人類で初めて**「生命表」**を作った人物でもある。

ハレーは1693年に出版した自身の著作の中で、人間の死亡には一定の法則があることを明らかにし、「生命保険の保険料は、年齢別の死亡率にもとづいて計算すべきだ」と書いている。当時のイギリスには既にいくつかの生命保険会社があったが、保険料はいわば闇雲に設定されていた。しかし、ハレーの功績によって、生命保険会社はようやく合理的な保険料を算出することができるようになったのである。

グラントがまとめた『諸観察』やハレーの生命表のように、調査して集めたデータを数値や表、グラフなどに整理し、データ全体の示す傾向や性質を把握する手法のことを**記述統計**という。ただし、グラントやハレーの用いた手法はごくごく簡単なものであり、現代の記述統計に直接繋がるとは言いがたい。現実に得られたデータをもとに、社会現象の実態やそのメカニズムを解き明かすには、数学そのものが未発達だったのだ。

その後、フランスのピエール＝シモン・ラプラス（1749～1827）とドイツのガウスらによって確率論や正規分布などの数学的な準備が整うと、それらを社会に応用しようとする人物が現れた。ベルギーの**アドルフ・ケトレー**（1796～1874）である。

ケトレーは、それまでもっぱら自然科学の世界でのみ使われていた「平均」という概念を、初めて人間社会に適用したことでも知られる。ケトレーは、人間も美しく調和する（はずの）宇宙の一部なのだから、個人が何ものにも縛られない自由な意思で行動したとしても、データを集めれば、社会全体に科学的な秩序が見つかるはずだ、と考えた。現代につながる統計的手法を初めて社会に適用したことから、ケトレーは「近代統計の父」と呼ばれている。

統計の歴史が記述統計どまりであったなら、統計学は今ほど重要な学問にはなっていなかっただろう。統計が現代の生活や研究に欠かせないものになったのは、**20世紀**に入って**推測統計**が発展したからである。記述統計が手持ちのデータについてその傾向や性質を知る手法であるのに対し、推測統計は**採取したサンプル（標本ともいう）から母集団（全体のこと）の性質を確率的に推測する手法**である。それは、かき混ぜた味噌汁から一匙すくって味見をすることで味噌汁全体の味を推測することに似ている。

選挙の結果を予想したいからといって有権者のすべてにアンケートを行ったり、工業製品の品質管理をしたいからといってすべての製品をテストしたりすることは、現実的ではない。そういうときに「すべてを調べてみないとわからない」とあきらめるのではなく、いくつかを調べることで「○○となる確率は△△％である」と言えることは有益である。

ミルクティーの実験

推測統計は、これまたイギリスの統計学者**ロナルド・エイルマー・フィッシャー**（1890〜1962）の手によって始まった。ここではその雰囲気を味わってもらうために、フィッシャーがティーパーティーで行ったとされる名高い「実験」を紹介しよう。

1920年代の終わりに、フィッシャーは何人かの仲間と庭でティーパーティーに興じていた。するとある1人の紅茶好きのご婦人が「ミルクティーは先にミルクを入れるか、紅茶を入れるかで味が変わるのよ」と言い出した。これを聞いた紳士たちは半分鼻で笑いながら「そんなことあるものか。どちらが先でも混ざってしまえば同じだろう」と相手にしなかった。そんな中フィッシャーは「それでは実験をしてみよう」と次のような提案をする。

婦人が見ていないところで、ミルクを先に入れたミルクティーを4杯、紅茶を先にいれたミルクティーも4杯用意する。次に計8杯の紅茶をランダムに婦人に差し出し、婦人に

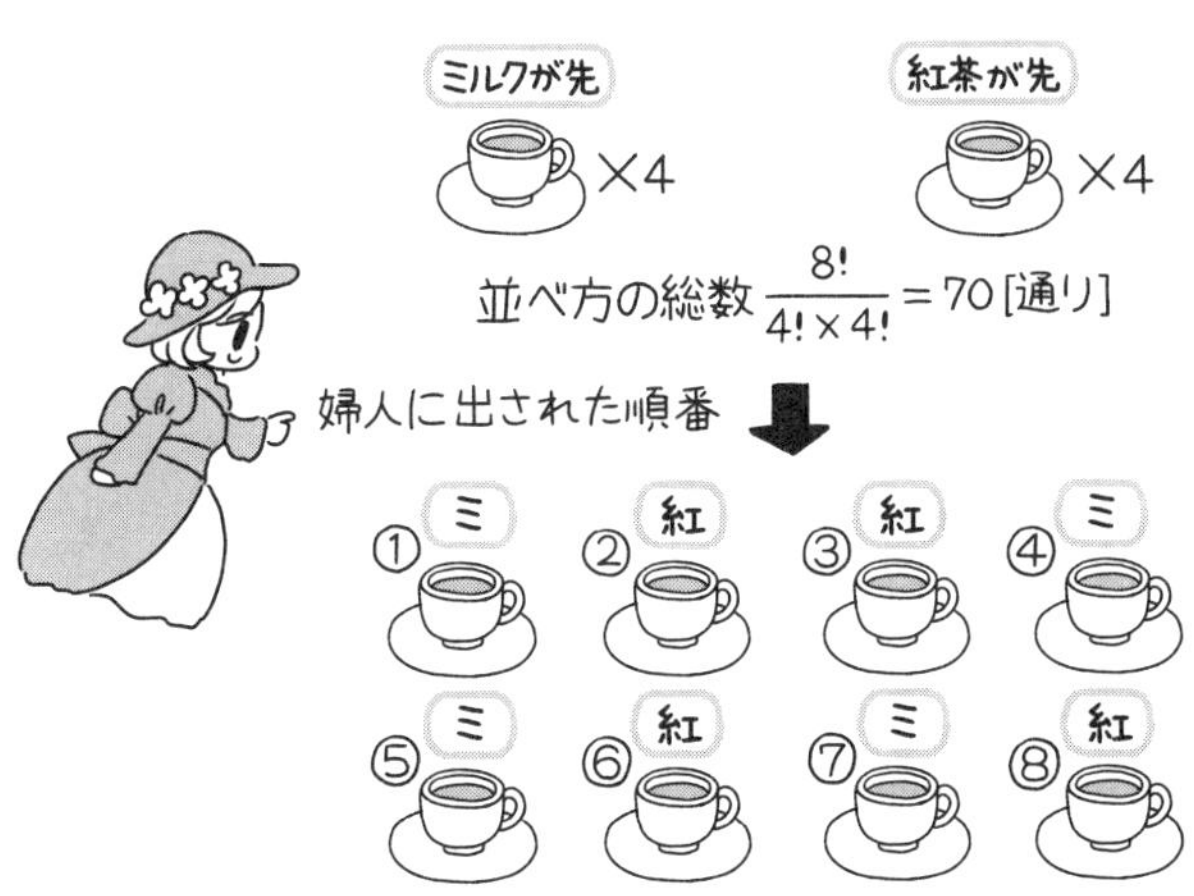

はその1つ1つについてミルクが先のものか、紅茶が先のものかを言い当ててもらう。ただし婦人には2種類の紅茶がランダムに出されることと、それぞれが4杯ずつであることはあらかじめ伝えておく。

結果は……なんと婦人は8杯すべてについて、ミルクが先か紅茶が先かを正確に言い当てた。まわりの紳士たちが「たまたまだよ」と負け惜しみを言う中、フィッシャーは、婦人がでたらめに言った答えが8杯すべてについて偶然正解する確率は約1・4％であることから「これはたまたまではない。婦人には味の違いがわかる」と結論づけた。

推測統計は、サンプル（標本）を調べて母集団の特性を確率的に予想する**推定**と、標本から得られたデータの差異が誤差なのかあるいは意味のある違いなのかを検証する**検定**とを2本の柱にしている。視聴率や選挙のときの開票速報などは「推定」であり、「1日2杯のコーヒーはがんの発生をおさえる」などの仮説の信憑性を裏付けるのが「検定」だ。フィッシャーが行ったこの実験は「検定」そのものであり、推測統計の最も有名な実験としてよく知られている。

最先端の統計学

21世紀に入ってから、統計学の分野で大きな潮流になっているのがいわゆる**ベイズ統計**である。ベイズ統計は、イギリスの**トーマス・ベイズ**（1702〜1761）が生み出した**「ベイズの定理」**を基礎としている。ベイズ統計は21世紀の最先端の統計学であるが、ベイズ自身は18世紀初めの数学者兼牧師だった。ケトレーより約1世紀も前の人である。そういう人の理論が、21世紀になって再び脚光を浴びているのだ。現代社会にも応用できる理論が、なぜ200年以上も埋もれてしまったのか？　それは、ベイズ統計が持つ次の2つの性質が理由だと言われている。

①　恣意的（論理的な必然性がない）であることが許される

②　計算が複雑になることがある

「ベイズの定理」とそこから発展したベイズ統計における①の性質は、長い間厳密性を好む数学者から批判されていたが、恣意的であるということは、裏を返せば「厳密ではない状況にも応用ができる」というメリットにもなり得ることが近年明らかになってきた。現実社会ではすべての条件が厳密に設定できるとは限らない。

ベイズ統計では、経験や常識をもとに**十分な理由がなくても、とりあえず確率的にパラメーター（変動する値）を設定することが許されている。**言わば、ベイズ統計は直観も許容するのである。これにより、ベイズ統計は従来の統計では扱えなかった事例にも応用ができる。

また、②は誰もがコンピュータを使えるようになった現代ではまったく障害にならない。

古代国家で始まった統計は、確率論、微積分、線形代数などの数学とコンピュータの発展に後押しされながら、**全数調査↓記述統計↓推測統計↓ベイズ統計**と発展してきた。２０００年前に撒(ま)かれた種が、数学とテクノロジーの進歩によって、今まさに大輪の花を咲かせていると言えるのではないだろうか。

現代社会では、統計というフィルターを通して数字が判断と予測の根拠となる。数字が社会を表し、数字が社会を変えていく。

統計は「数学なんて何の役に立つの？」という問いに対する１つの答えである。

5章
とてつもない影響力

大きな数はN進法で攻略せよ

棒の数はパッと見で何本？

突然だが、次頁の図①の棒が全部で何本あるかが瞬時にわかるだろうか？　人間が瞬間的に捉えることができる数は3個ないし4個だと言われているので、多くの方は指折り数えなければ、上の棒の本数を答えることは難しいと思う（正解は13本）。

「1、2、3」のローマ数字は「Ⅰ、Ⅱ、Ⅲ」であるのに対して、「4」のローマ数字は「Ⅲ」とは書かずに「Ⅳ」と書く。「Ⅲ」では4本であることがパッとはわからない人がいるからであろう（ただし、昔は「Ⅲ」で「4」を表していたらしい）。

実は図①と図②の棒の数は同じである。図②のようにまとめれば、今度は指を使わなくても簡単に数えられる。数を数えるときに「5」ずつをまとめて図②のような印を使う方

【棒は全部で何本?】

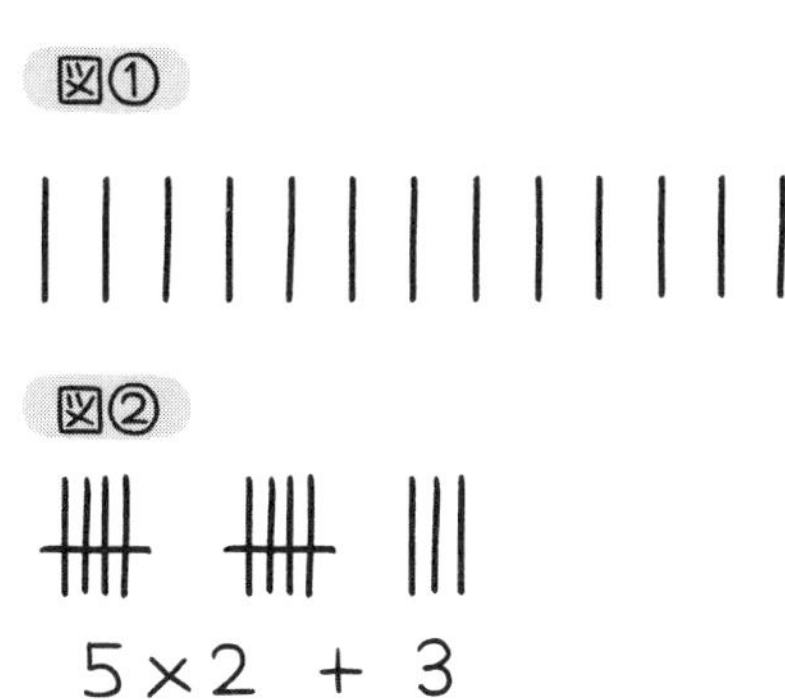

法は、昔から広く使われていて、この印を「five-bar gate」という。日本では「正」の字を書いて5ずつまとめて数える方法がよく使われる。

ただし、こうした方法も数が増えてくると決して便利とは言えない。たとえば「96」を「正」の字で表すのはウンザリする。そこで生まれたのが数を書く位置によって、どのかたまりがいくつあるかを表す方法である。

これを**位取り記数法**という。位取り記数法における数の位置は「**位**」あるいは「**桁**」という。

たとえば次頁の図のように「卌」が5個集まったものは「卌」と書く

【341?】

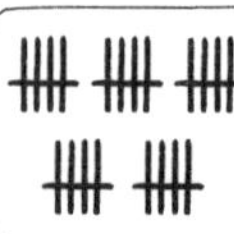

を 卌 と表すことにする。

（例） 卌 卌 卌　卌 卌 卌 卌 |

種類	卌	卌	|
個数	3	4	1

これを「341」と表す←「5進法」

ことにすると、このルールにおける「341」は「卌」が3個、「卌」が4個、端数が1個という意味である。

十進法が広まった理由

「*N*進法」というのは、位取り記数法において**数が*N*だけ集まったらそれを「1つのかたまり」にして、次の位に進む（繰り上がる）数の表し方**のことである。上の図の例では「5」だけ集まったらそれを「1つのかたまり」にして、上の位に繰り上げているので「五進法」である。

今私たちがふだん使っている記数法

【N進法】

十進法

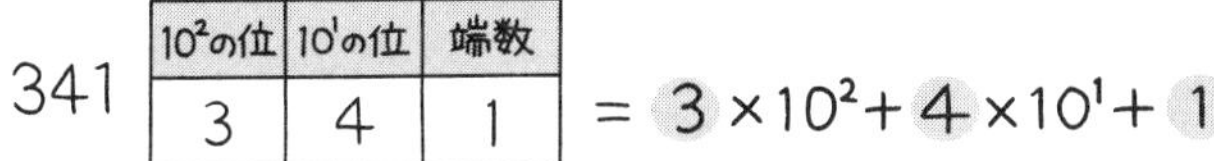

341

10^2の位	10^1の位	端数
3	4	1

$= 3\times10^2+4\times10^1+1$

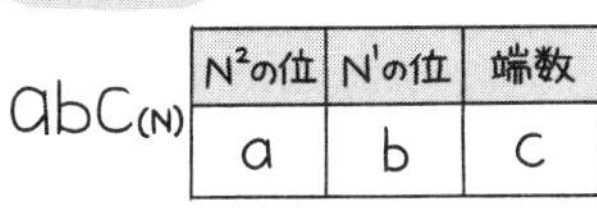

N進法

$abc_{(N)}$

N^2の位	N^1の位	端数
a	b	c

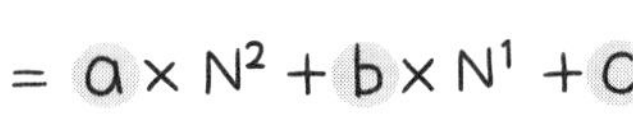

は十進法である。なんの断りもなく「324」と書けば、それは「3×100＋2×10＋4」という意味である（漢数字で「三百二十四」と書くのは実にわかりやすい）。ここで**「百の位」**は「10」が10個集まったものを「ひとかたまり」した位だから**「10×10の位」**である。

同じ様にN進法における位取り記数法は上の図のように定義される。なお右下に添える（N）はN進法であることを表す。

記数法として十進法が最も一般的になった最大の理由は、人間の指が両手合わせて10本だからと考えて間違いない。もしミッキーマウスのように両手の指が合わせて8本しかなかったら、八進法が使われるようになっていたはずだ。そうなったら八進法での「10」個のアメは「1×8+0」で（我々が言うところの）8個になるのだ。

片手の指が5本であることや、人間が瞬時に把握できる数の限界が「4」であることを考えると、「五進法」が使われる社会があっても不思議はない。実際、フィリピンのイロンゴット族や南米やインドネシアの一部では、今も「五進法」が使われている。

また古代のシュメール人たちは六十進法を使っていて、これを引き継いだバビロニア人たちが60秒で1分、60分で1時間とする時間の計り方を編み出した。「1つのかたまり」として「60」が選ばれたのは、約数が多くて計算がしやすいことが理由だったと言われている。同じ理由で、アラブの数学者たちはある時期まで、天文学の計算には六十進法を使っていたらしい。

二進法と哲学者ベーコン

他にも十進法以外の記数法が使われていた形跡は、我々の生活のひょんなところに顔を出す。1ダースが12個、1グロスが12×12個であること、1年が12ヶ月であることなどは十二進法の名残である。またフランス語では80を「quatre-vingts」と言うが、これは4(quatre)×20(vingt)という意味なので、ここには二十進法が残っている。

ただし、これらはあくまで「残骸」であり、本流とは言えない。現代において十進法以外の記数法が十進法を退けて活躍している世界は、なんといっても**コンピュータの世界**である。コンピュータの世界では、主に**二進法**と**十六進法**が使われている。

USBメモリの容量は16ギガバイト、32ギガバイト、64ギガバイト、128ギガバイト、256ギガバイトなどがラインナップされていて、20ギガバイトとか、100ギガバイトといった(十進法の)区切りのいい数字は見かけない。ゴルフボールを箱買いすると(十二進法の「ダース」を基本としているため)12個、24個、36個……になってしまうのと同じ様に、コンピュータの世界で使われている十六進法では「整数×16ギガバイト」が「切りのいい数字」なのである。

ではなぜコンピュータの世界では十六進法が使われているのだろうか? それは後で紹介するように二進法との相性がいいからである。

二進法の卵は、「知は力なり」という名言を残し、経験と観察から得られた知識こそ真理に到達する道であると説いたイギリスの哲学者**フランシス・ベーコン**（1561～1626）によって生み落とされた。彼は、後に「ベーコンの暗号」と呼ばれる新しい暗号を考案している最中に、あるアイディアにたどりつく。

「大文字と小文字」とか「〇と×」のような「2つの状態を持つ記号」を5つ用意すれば、2^5＝32であるから26文字のアルファベットのすべてを表せることに気づいたのだ。そして、用意する「2つの状態を持つ記号」は文字である必要はなく、光の「明・暗」や音の「有り・無し」等でもよいと言っている。

ベーコンのこの先進的な発想は、約230年後に実現するモールス信号（短い「トン」と長い「ツー」の2音で行う通信）へと受け継がれていくことになる。

ベーコンの死後、今日的な意味での二進法による記数法を発明したのは、既に何度も登場している希代のアイディアマン、**ゴットフリート・ライプニッツ**（1646～1716）である。彼は「2つの状態を持つ記号」として「0」と「1」を採用し、1679年に発表した『二進計算の説明』という論文において、二進法における計算法をまとめた。

次頁の表はライプニッツが論文に載せた、二進法と十進法の対応表である。

二進法で表された表記を見て、その量をパッと判断できるようになるまでには少なから

【二進法と十進法の対応表】

二進法						十進法
					1	1
				1	0	2
				1	1	3
			1	0	0	4
			1	0	1	5
			1	1	0	6
			1	1	1	7
		1	0	0	0	8
		1	0	0	1	9
		1	0	1	0	10
		1	0	1	1	11
		1	1	0	0	12
		1	1	0	1	13
		1	1	1	0	14
		1	1	1	1	15
	1	0	0	0	0	16
	1	0	0	0	1	17
	1	0	0	1	0	18
	1	0	0	1	1	19
	1	0	1	0	0	20
	1	0	1	0	1	21
	1	0	1	1	0	22
	1	0	1	1	1	23
	1	1	0	0	0	24
	1	1	0	0	1	25
	1	1	0	1	0	26
	1	1	0	1	1	27
	1	1	1	0	0	28
	1	1	1	0	1	29
	1	1	1	1	0	30
	1	1	1	1	1	31
1	0	0	0	0	0	32

【二進法指折り】

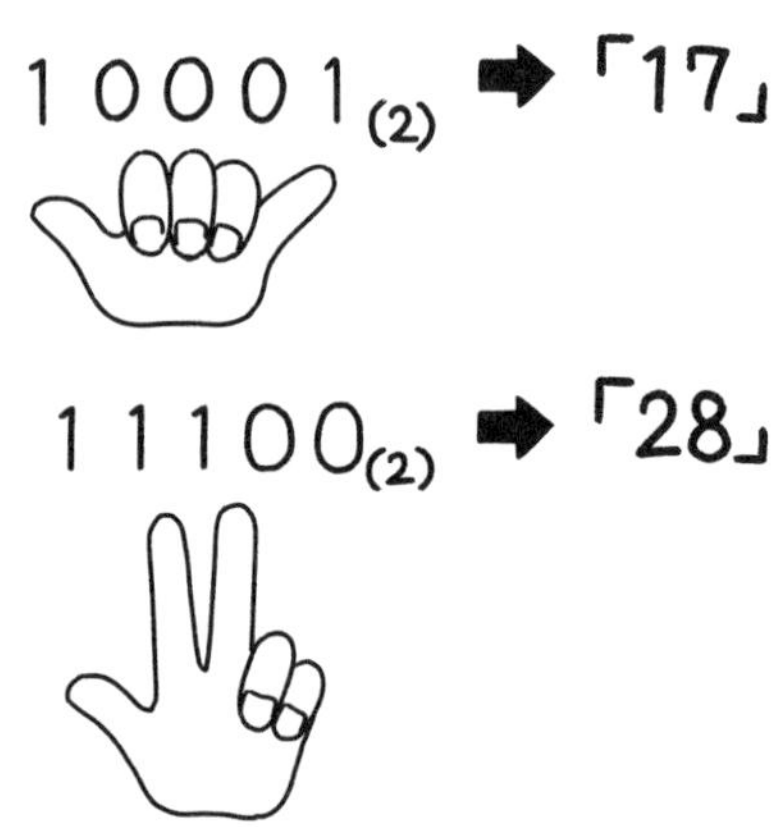

ぬ訓練が必要であるが、まず二進法に親しみたい方には、白い紙にこの対応表を実際に書いてみることをオススメする。

そうするうちに、各位には0か1しか使えないことや、位が上がっていく雰囲気をつかんでいただけると思う。

また指折り数える際に二進法を使えば、片手でも「31」まで、両手なら「1023」まで数えることができる。この「二進法指折り」は、日常生活でもなかなか便利である（最初のうちは多少指が痛くなるかもしれないが……）。

大きな数は人類の知性の証

二進法を使うコンピュータの世界では、電気の「オンとオフ」や電流の流れる向きの「右と左」などに「0と1」を対応させる。そうする最大の理由は**読み取り誤差が少なくなる**からである。十進法で信号を判断しようとすると、「0」〜「9」の10種類の信号が必要であるが、仮にそれを流れる電流の量で判別する場合、それ相応の精度が必要になる。

一方、二進法であれば、信号は「0」と「1」しかないので「無」か「有」かだけを判断すれば良い。all-or-nothing で中間的なものがないのは、わかりやすく間違いも起こりづらい。それに、電流が流れるか流れないかだけを判断すれば良い回路は、構造も単純になる。

ただし二進法には欠点もある。「32」が6桁の数「100000」になってしまうことからもわかるとおり、数字が大きくなると桁が極端に増えてしまうのだ。そこでコンピュータでは十六進法も併用されていて、二進法↔十六進法の変換が随時行われている。桁数

【二進法、十六進法、十進法の対応表】

二進法	0	1	10	11	100	101	110	111	1000	1001	1010	1011	1100	1101	1110	1111
十六進法	0	1	2	3	4	5	6	7	8	9	A	B	C	D	E	F
十進法	0	1	2	3	4	5	6	7	8	9	10	11	12	13	14	15

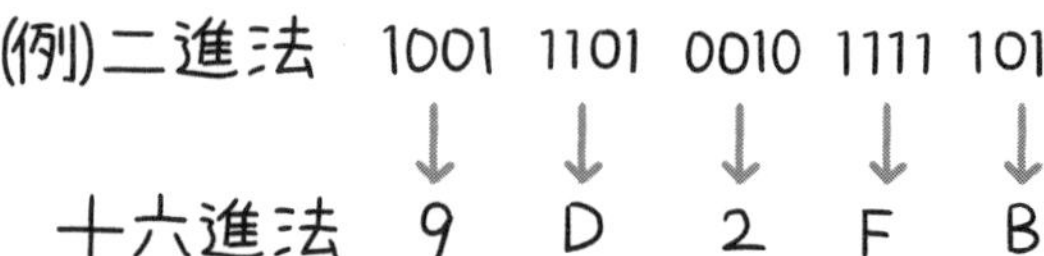

を減らすための記数法として十六進法が選ばれたのは、二進法との変換において、相性がいいからである。

詳しく説明しよう。

十六進法では各位に16種類の記号が必要なので、「0〜9」の他に「A〜F」のアルファベットも使われる。上の図は二進法、十六進法、十進法の対応表である。

注目していただきたいのは二進法の4桁の最大数「1111」が十六進法の1桁の最大数「F」に対応している点である。これは、二進法を4桁ごとに区切れば、必ず二進法の4桁に十六進法の1桁を対応させられることを意味する。これにより変換がシンプルになるのだ。

ある程度以上の大きな数を数えるためには、「five-bar gate」のような記号を使ったり、十進法、二進法、十六進法といった位取り記数法を編み出したりする「知性」が必要になる。**大きな数を数えられるというのは、知性の成熟**なのだ。実際、文明の発展とともに扱う数の大きさは大きくなってきた。

もちろん、ものの数を数えるためには、ただ表記の仕方を知っているだけでは不十分である。数える際に、順序を考慮するのかしないのか、重複を許すのか許さないのかといったことを注意しながら、「順列」や「組み合わせ」の素養も必要になるだろう。公務員試験や就職試験に「場合の数」の問題が頻出なのは、数を数えてもらえば、志望者の知性を推し量れるからなのだ。

ネイピア数は科学を支える

どちらの預金プランがお得？

仮に、新進気鋭の外資系銀行が日本進出を記念して「新規顧客獲得キャンペーン」なるものを行っているとしよう。キャンペーンの目玉は応募者の中からたった1人に与えられる特別預金の権利である。この特別預金はなんと年利（1年間の利息の合計）が100％なのだ！　ただし、預金にこの金利が適用される期間は1年間である。またこの預金には次の2つのプランがあり、最初に好きな方を選ぶことができる。もしあなたがこの特別預金の権利を得たとしたら、どちらのプランを選ぶだろうか？

プランA：1年後にそのときの残高に対して100％の利息をもらう。

プランB：半年ごとにそのときの残高に対して50％の利息をもらう。

簡単な計算をしてみればわかるとおり、プランBの方が得である。確かめてみよう。最初に預ける金額は100万円とする。

《プランAの場合》

1年後の残高は（最初と変わらず）100万円なので、受け取る利息は

100万円×100％＝100万円

元金と合わせると1年後の口座の残高は

100万円＋100万円＝**200万円**

《プランBの場合》

半年後の残高は100万円なので、この時点で受け取る利息は

100万円×50％＝50万円

さらに半年が経ったとき、残高は150万円なので、この時点で受け取る利息は

150万円×50%＝75万円

元金と合わせると1年後の口座の残高は

100万円＋50万円＋75万円＝**225万円**

年利の合計が決まっている場合、利息は分割してもらった方が得であることがわかる。

似ないワニは嫌

では、利息は分ければ分けるほど、受け取れる金額はどんどん増えるのだろうか？ 17世紀末にこれについて調べた数学者がいた。スイスの**ヤコブ・ベルヌーイ**（1654〜1705）である。ヤコブは17世紀から18世紀にかけて8人もの著名な数学者を排出した驚異の「数学一家」ベルヌーイ家の中でも、特に優れた業績を残した人物である。

先の「利息分割問題」を一般化すると、100%の利息をn等分してn回に分けて受け取る際の合計額を算出する問題を考えれば良い。最終的に受け取る元利合計は、次頁のように元金に$\left(1+\frac{1}{n}\right)^n$を掛けた金額になる（なお今回の金利は41頁で紹介した「複利」である）。

【ベルヌーイの計算】

元金a円に対して利息がrのときの元利合計は

$$a+a\times r=a(1+r)\ [\text{円}]$$

年利100%をn等分したときの利息は

$$\frac{100\%}{n}=\frac{1}{n}$$

元金100万円に対して年利100%をn等分した利息をn回受け取った場合の元利合計は

$$100\underbrace{\left(1+\frac{1}{n}\right)\left(1+\frac{1}{n}\right)\cdots\cdots\left(1+\frac{1}{n}\right)}_{n\text{回（複利）}}=100\left(1+\frac{1}{n}\right)^{n}$$

ヤコブ・ベルヌーイは、$\left(1+\frac{1}{n}\right)^{n}$ の n に徐々に大きな数を入れて計算をしてみた。その結果、n を大きくすればするほど、1年後にもらえる元利合計は増えるのだが、その増え方はだんだん鈍くなり上限がありそうだ、ということに気づく。

さらに計算を続けた結果、どんなに年利を細かく分けても、元利合計が元金の**2・718281 8……倍**を超えることはないことをつきとめる（次頁参照）。

この上限値こそが、円周率と並ぶ数学における2大定数の1つ**「ネイピア数」**である。蛇足だが、ネイピア

【ネイピア数】

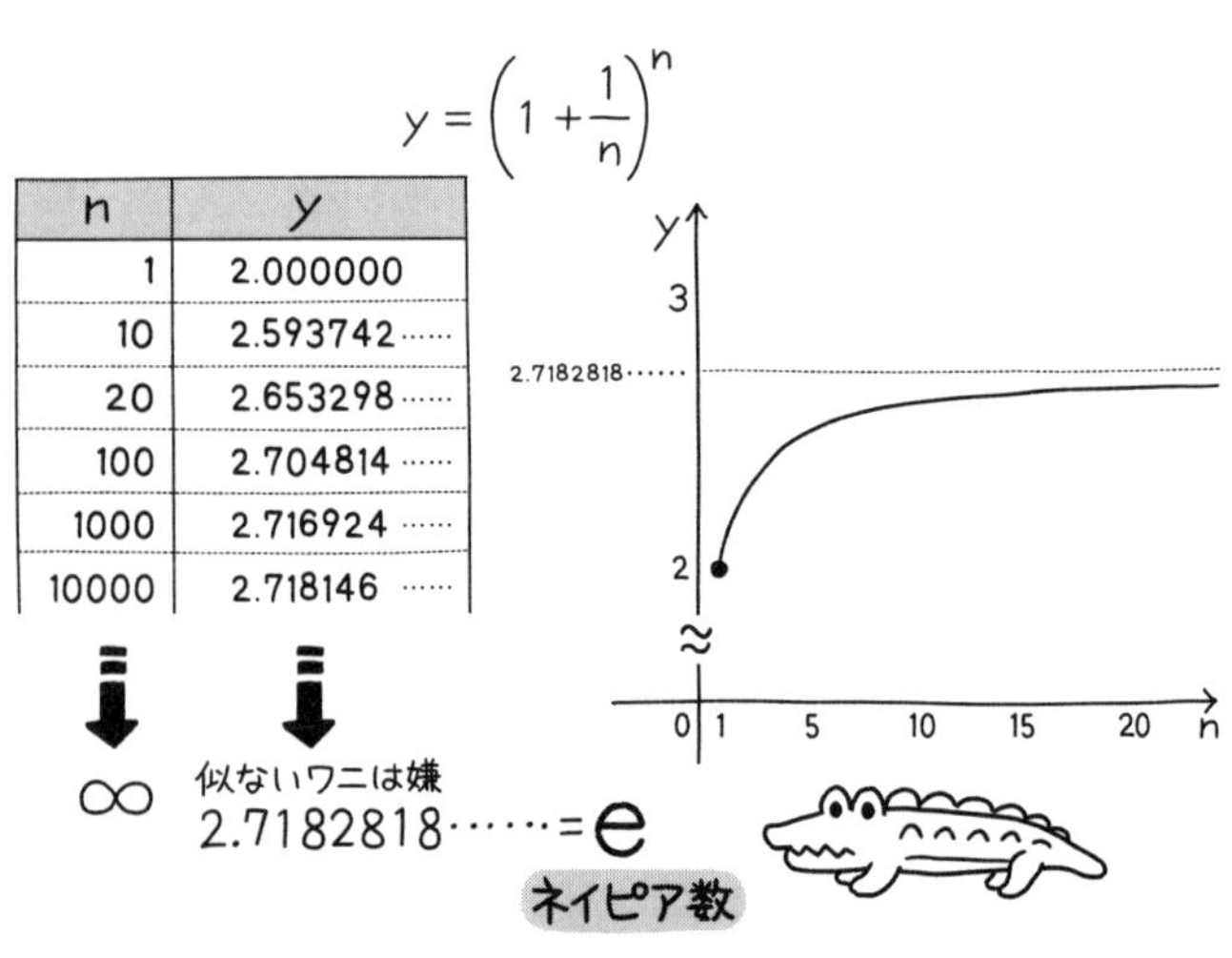

$y = \left(1 + \frac{1}{n}\right)^n$

n	y
1	2.000000
10	2.593742……
20	2.653298……
100	2.704814……
1000	2.716924……
10000	2.718146……

∞
似ないワニは嫌
2.7182818……＝e
ネイピア数
y
3
2.7182818……
2
0
1
5
10
15
20
n

数の値を覚えたい（という奇特な）方には「似ないワニは嫌」という語呂合わせをオススメする。

ネイピア数の数学的な本質に初めて気づいたのはヤコブ・ベルヌーイであるにもかかわらず、普通この定数を「ベルヌーイ数」とは呼ばない。

なぜなら、ヤコブ・ベルヌーイより先にスコットランドの**ジョン・ネイピア**（1550〜1617）が、**対数**についての研究をまとめた著作の付録の表の中にその近似値を記しているからである——やがて円周率と並ぶほど重要な定数と見なされるようになる値の初お目見えとしては、随分と小さい

【対数：logarithmの定義】

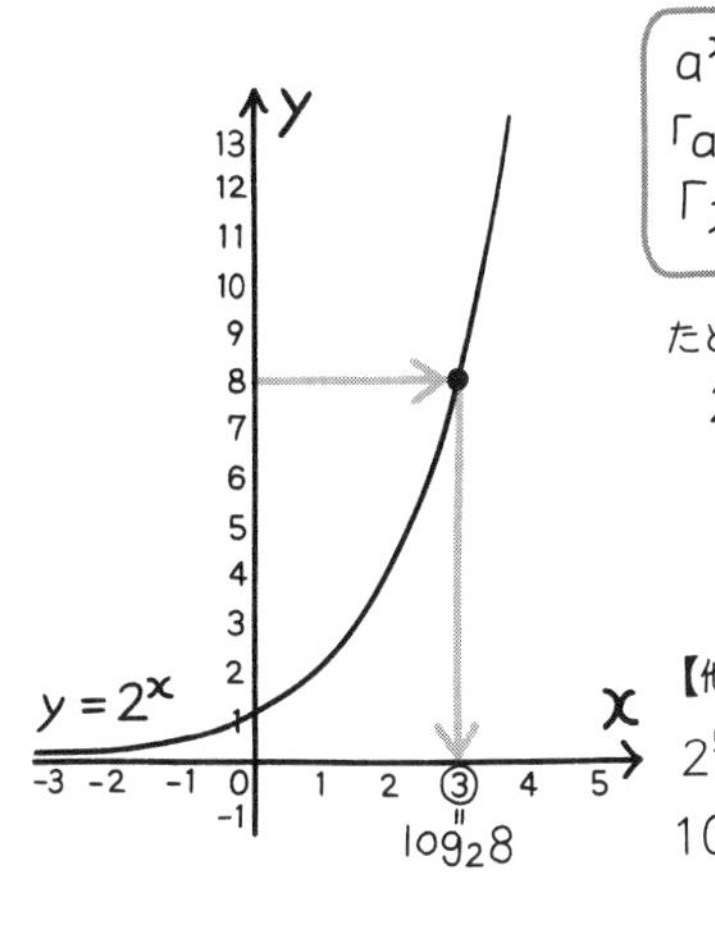

$a^x = M$ のとき、xを
「aを底とするMの対数」といい、
「$x = \log_a M$」と表す。

たとえば……　（logarithm）
2^xが8となるxに対応する数は
$\log_2 8$　と表す。
（$2^3 = 8$なので実際は$\log_2 8 = 3$）

【他の例】
$2^5 = 32$ なので $\log_2 32 = 5$
$10^3 = 1000$ なので $\log_{10} 1000 = 3$

扱いだった――。ネイピア自身はその数学的な本質には気づいていなかったようであるが、人類として初めて言及したことに変わりはないので、この定数を表す名前の由来となった。

なお、「対数」というのは、簡単に言ってしまえば**同じ数を掛けた回数**のことである。たとえば、「2を3回掛ける（2を3乗する）と8」を対数という言葉を使って表すと、「2を底とする8の対数は3」という言い方になる。

ここで「$y=\log_2 x$」とすると、xが8ならyは3、xが32ならyは5（上の図の例参照）と、xの値によってy

の値が一通りに決まる。つまりyはxの関数である（195頁）。

一般に「$y=\log_a x$」のyはxの関数である。これを**対数関数**という。

数学史上、最も論文が多い数学者

ベルヌーイとはまったく違うアプローチで、この値に到達した数学界の巨人がもう一人いる。スイスの**レオンハルト・オイラー**である。オイラーは、対数関数を微分しようとする際に、この定数にたどり着いた。**微分というのは、ごく大雑把に言ってしまえば、ある関数のグラフの接線の傾きを求める計算**のことを言う。

「微分」は微(かす)かに分けると書く。何を細かく（微かに）分けるかというと、それは関数のグラフだ。グラフを細かく切断していくと、もとが曲線であっても細切れにされたそれぞれは「直線」に見える。グラフ上の様々な点において、この直線（それはその点における接線と言ってもいい）の傾きを調べるのが微分という計算なのだ。

オイラーは、対数関数のグラフの接線の傾きを調べていくと、ネイピア数が登場することに気がついた。

ネイピア数を表す**「e」**という記号は、オイラーが発案したものである。一説には自身（Euler）の頭文字を使ったとも言われているが、ネイピア数は同じ数$\left(1+\frac{1}{n}\right)$を繰り返し掛けたときに現れる数であることから、「指数的」を意味する「exponential」の頭文字を使ったと考えた方が自然だと思う。

オイラーは「数学史上、最も論文が多い数学者」と言われていて、普通の数学者が一生かかって書き上げる量（800頁程度）の論文を毎年発表した。その業績があまりにも膨大なため、1911年から刊行が始まった「オイラー全集」は未だに完結していない。

実は、ネイピア数は円周率と同じ無理数（278頁）である。やはり小数点以下に不規則な数字が永遠に続く。

円周率（π）もネイピア数も単なる無理数ではなく、どちらも超越数と呼ばれるグループに属する。

やや専門的になってしまうが、超越数というのは**「代数方程式の解にならない数」**である。「代数方程式」とは次頁の図のように、xに無関係な定数とxの整数乗（x^2など）の項だけで書ける方程式のことをいう。たとえば$\sqrt{2}$は無理数ではあるが、$x^2-2=0$という代数方程式の解になる。したがって$\sqrt{2}$は無理数ではあるが超越数ではない。

【代数方程式】

$$a_n x^n + a_{n-1} x^{n-1} \cdots\cdots + a_0 = 0$$

（$a_n, a_{n-1}, \cdots\cdots, a_0$ は
xに無関係な定数でかつ$a_n \neq 0$）

超越数は唯一無二

数が超越数であるとき、整数と限られた回数の四則演算（足し算、引き算、掛け算、割り算）だけでは表すことができない。それは、先ごろ大リーグを引退されたイチロー氏のことを「〇〇のような選手」とは形容できないことと似ている気がする。イチロー氏が空前絶後の選手だったのと同じ様に、超越数もまた唯一無二なのだ。

円周率と同じく、ネイピア数も自然科学の法則を表すさまざまな式の中に顔を出す。たとえば、正規分布、風の

【e^xの特別な性質】

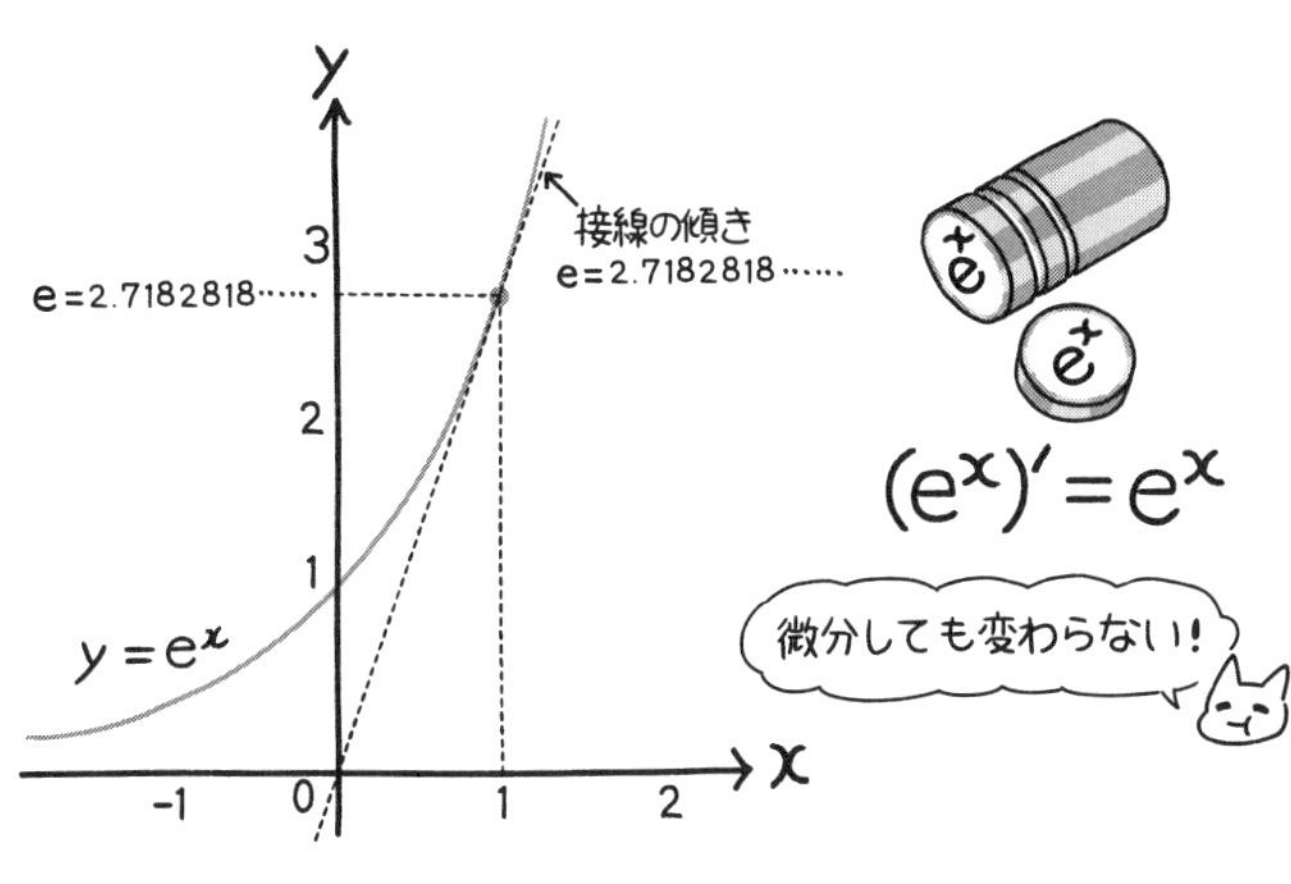

抵抗を受けて落下する物体の速度、放射性物質の原子数など、挙げていったらキリがない。実際、本書でもいろいろなところでeが登場している。

ではどうしてネイピア数eはありとあらゆるところに表れるのだろうか？その原因の1つは**e^xという指数関数は微分してもまったく形が変わらない**という特別な性質を持っている（ある点における接線の傾きが、いつもその点のy座標に等しい）ことにある。微分しても形が変わらないということは、微分の逆の演算である積分をしても形が変わらないことを意味する。

ひとたび数式の中にe^xが登場すると、

【底がeの対数関数を微分】

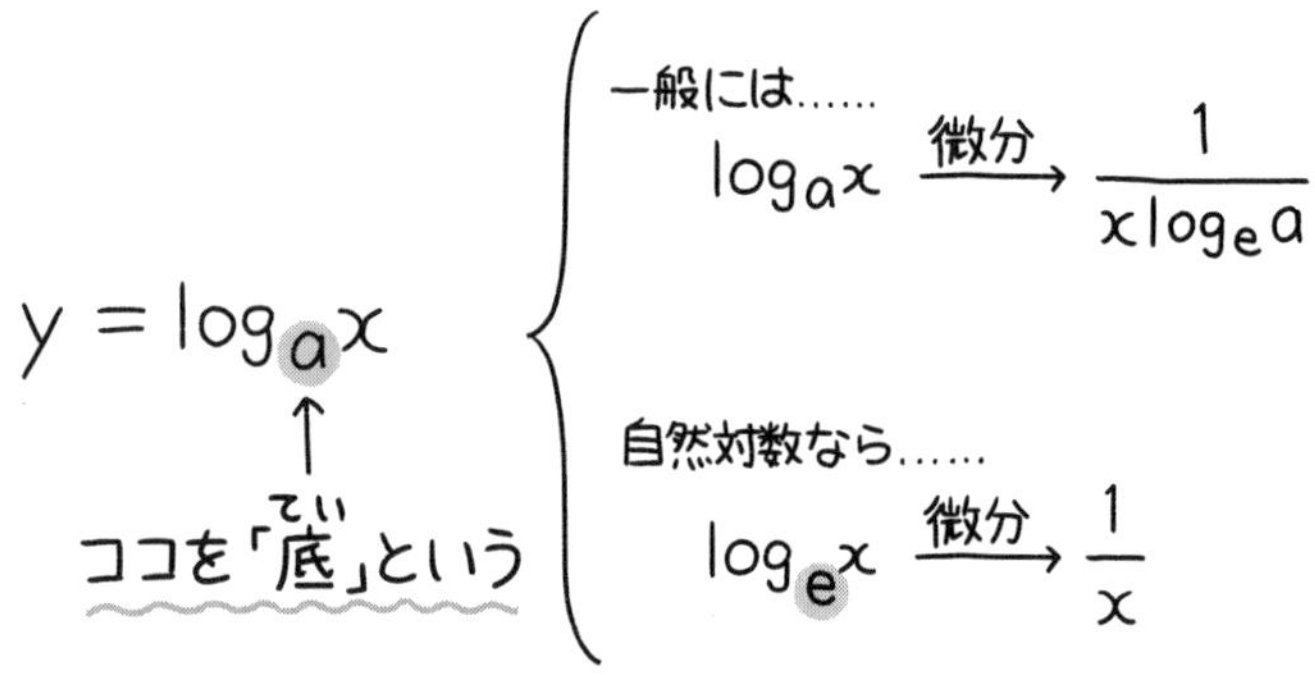

$$y=\log_a x$$

↑

ココを「底（てい）」という

一般には……

$$\log_a x \xrightarrow{\text{微分}} \frac{1}{x\log_e a}$$

自然対数なら……

$$\log_e x \xrightarrow{\text{微分}} \frac{1}{x}$$

まるで金太郎飴のように何度微分しても積分しても、同じ顔e^xが出てくるのだ。

底（上の図参照）がeの対数関数は、微分すると$1/x$という非常にシンプルな関数になる（ある点における接線の傾きが、いつもその点のx座標の逆数＝$1/x$に等しい）。もし神が対数の底に何か1つ値を選ぶとしたら、「簡潔さ」という**数学の美**（138頁）を持っているという理由で、きっとこのeを選ぶだろうという感覚から（人為的ではなく、宇宙＝自然が最初から用意した対数というニュアンスで）、eを底に持つ対数関数は**自然対数**と呼ばれるようになった。

理想のパートナーに巡り会う確率

また対数関数の底は自由に設定できることが多いので、シンプルであることを好む数学では対数関数が必要なとき、自然対数を選ぶことが圧倒的に多い。これもeがとりわけ多く登場する理由である。

自然法則を表す数式の中に頻繁に登場するということは、それだけ**「e=2・71828……」という値がさまざまな自然現象に影響を与えている**ことを意味する。少し変わったところでは**「理想のパートナーに巡り会う確率」**にもeは関係している。

結婚適齢期に何人かの人とお付き合い（あるいはお見合い）するとしよう。そういうとき、「理想の相手」を見定めるのは難しい。もし最初に出会った人を気に入ったとしても、そこで結婚を決めてしまうのはリスクがある。後でもっといい人に出会うかもしれないからだ。でも、だからと言って、いつまでも「もっといい人がいるかも」と決断を渋っていたら、婚期を逃してしまうかもしれない。そこで**「ある人数までは無条件に見送り、**

【秘書問題】

その後は『今までで一番いい人』が現れた時点で、理想のパートナーであると判断する」という戦略を取ることにする。

問題は「無条件に見送る人数」をどのように決定するかである。でも安心してほしい。実は、この問題は秘書を雇いたい人（雇い主）が考えるべき問題に似ていることから、**秘書問題**と呼ばれ、数学的には既に答えが出ている。ある程度の人数以上（30人以上くらい）の相手と出会うことが前提ではあるが、交際予定人数の**約36・8％**までは「情報収集のためのサンプリングと捉えて無条件に見送る」ようにすれば、理想の相手に出会える確率を最大化することができるのだ。

これは俗に**「36・8％の法則」**と呼ばれている。そして36・8％＝0・368という数字こそ、**1をeで割った値**（1÷2・71828……≒0・368）なのである。

なお「36・8％の法則」は、交際人数だけでなく、交際期間についてもあてはまる。仮に15歳～45歳の30年間はパートナーを見定めるための「交際期間」とすると、30年間の36・8％が経過する26歳の頃までは、結婚を決めず無条件に見送った方がよいということになる。

円周率とネイピア数には共通点が多く、「数学の二大定数」と呼ばれるが、一方は紀元前2000年頃には知られていたのに、もう一方は17世紀に発見された。人類に発見されるまでの時間には4000年近い開きがある。

正確な値がわからない無理数であるというだけでなく、唯一無二の孤高を持する超越数であり、しかも数学のみならず自然科学のありとあらゆるところに登場する。こうした「定数」が、他にもまだどこかに眠っているとしたら？　……そんな想像をするのは、とてもロマンチックなことだと思う。

人類は円周率を探求する

東大入試の有名問題

「なぜ円周率は3・14なのだろう?」と考えたことはあるだろうか? かつて東京大学で「円周率が3・05より大きいことを証明しなさい」という問題が入試(2003年)に出たことがある。東大の数学の入試問題としてはおそらく最も有名な問題なので、ご存知の方もいるかもしれない。

そもそも円周率とはなんだろうか? 小学校のときに習った公式**「直径×円周率=円周」を少し変形すれば、円周率とは**(実は文字通りであるが)**直径に対する円周の長さの割合**だということがわかる。

円周の長さは直径の長さの3倍強というわけだ。言うまでもなく、すべての円は相似

【円周率とは】

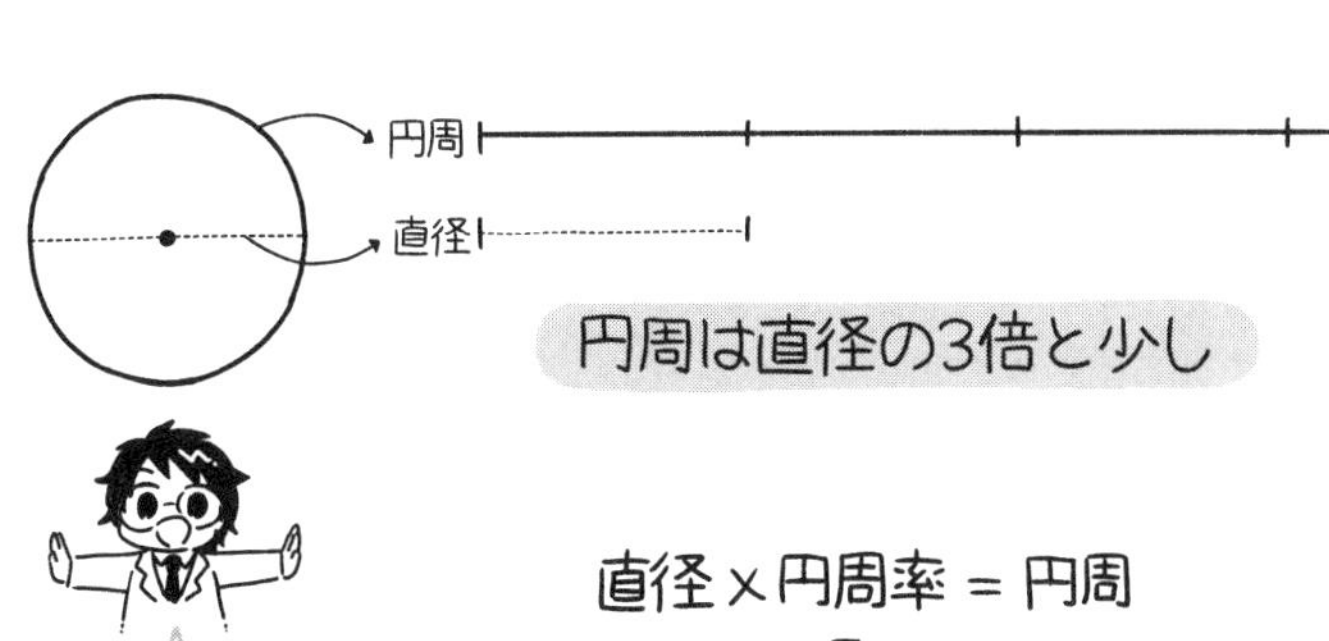
円周
直径
円周は直径の3倍と少し
直径×円周率＝円周
円周率＝円周/直径＝3.14……
「円周率」とは
「直径に対する
円周の長さの割合」

（面積は違っても形は同じ）なので、このことはすべての円について成立する。ある円の円周は直径の3倍より短かったり、別の円の円周は直径の4倍だったりすることはない。逆に言えば、1つの円について、直径に対する円周の長さの割合を求めることができれば、それが円周率である。

アルキメデスはこう考えた

しかしながら「円周の長さ」を求めるのは簡単ではない。

原始的な方法としては実際に測定す

【円周の長さを求める】

タイヤの跡は直径の3倍とチョット
3
2
1
円周はロープの長さの3倍とチョット
(ロープは輪になっているので、
ほどくと直径と同じ長さになる)
杭
棒
ロープ

るという手がある。たとえば、タイヤにペンキを塗っておいて（滑らないように）転がし、タイヤが1回転したときのペンキの跡の長さを測る。あるいは地面に杭を打って、そこにロープの一端を結び、別の端には先の尖った棒でも付けてコンパスのようなものを作り、円を描いた後、円周がロープの長さ（ロープは輪っかになっているので輪っかをほどけば、ロープの長さはほぼ直径に等しい）の何倍になっているかを測る。

実際、紀元前2000年頃のバビロニア地方（現在のイラク南部）では、後者の方法で直径に対する円周の長さ

【アルキメデスの計算】

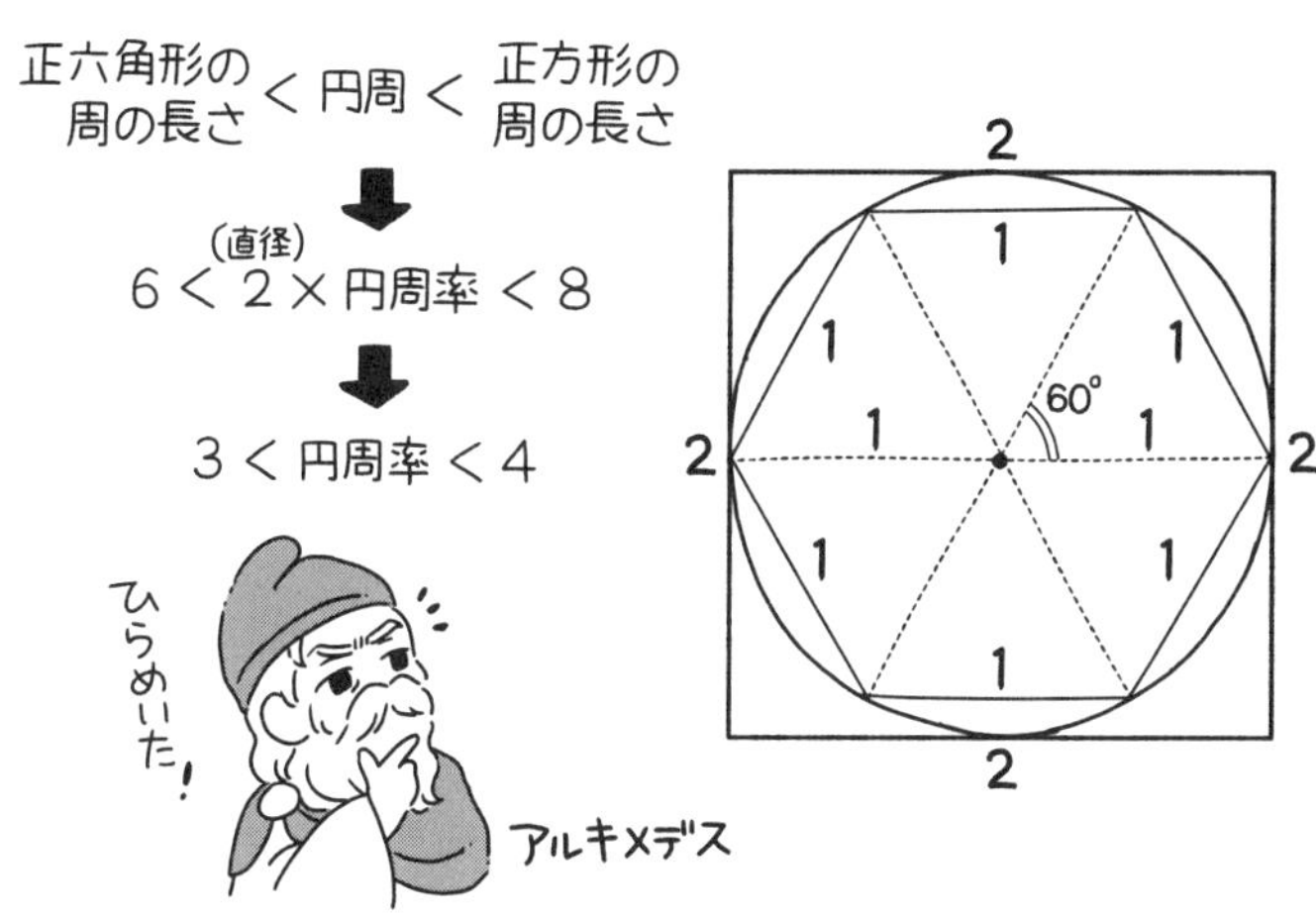

正六角形の周の長さ < 円周 < 正方形の周の長さ
(直径)
6 < 2 × 円周率 < 8
3 < 円周率 < 4
ひらめいた!
アルキメデス
2
1
60°

の割合を求め、およそ3・125程度であると考えられていた。

とはいえ、測定には誤差がつきものである。測定に頼っている限り、なかなか正確な値はわからないであろう。そこで、古代ギリシャの**アルキメデス**（紀元前287?〜紀元前212）は、正多角形を使って**計算から円周の長さを見積もる**ことを考えた。

上の図を見てほしい。半径が1（直径が2）の円に内接する（各頂点が円の円周上にある）正六角形と、外接する（円周が各辺に接する）正方形が描かれている。この図を見れば**正六角形の周の長さ＜円周＜正方形の周**

【参考：東大の入試問題の解答例】

図のように、
円に内接する正12角形を考える。

図のxを求めよう。

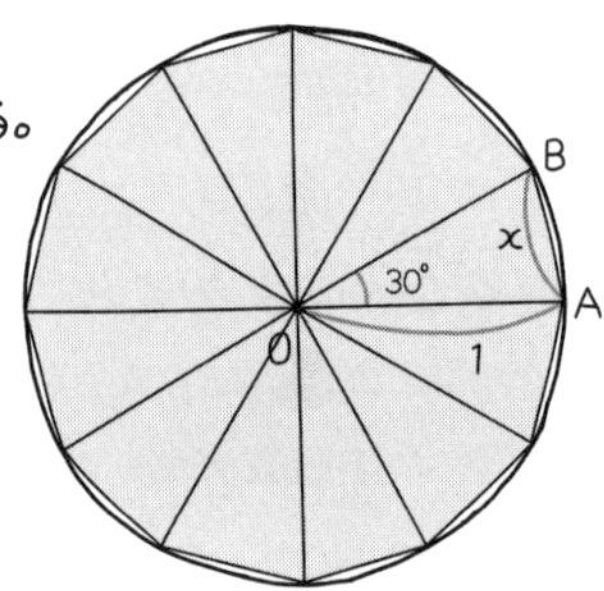

右下の図でBからOAに垂線を下ろす。
1つの角度が30°の直角三角形は、各辺の比が
$1:2:\sqrt{3}$ であることを使うと、
$OB=1$ より $BH=\frac{1}{2}$、$OH=\frac{\sqrt{3}}{2}$ が分かる。
また、OAも半径であり、$OA=1$ なので

$$HA=OA-OH=1-\frac{\sqrt{3}}{2}$$ である。

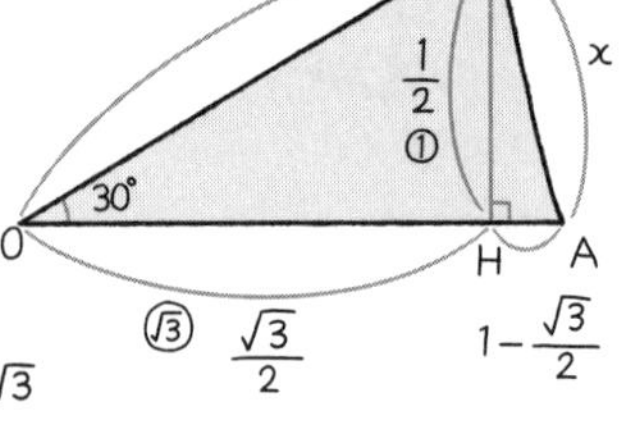

△BHAに三平方の定理を用いる。

$$x^2=\left(1-\frac{\sqrt{3}}{2}\right)^2+\left(\frac{1}{2}\right)^2=1-\sqrt{3}+\frac{3}{4}+\frac{1}{4}=2-\sqrt{3}$$

これより、

$$x=\sqrt{2-\sqrt{3}}=\sqrt{\frac{4-2\sqrt{3}}{2}}=\sqrt{\frac{3-2\sqrt{3}+1}{2}}=\sqrt{\frac{(\sqrt{3}-1)^2}{2}}=\frac{\sqrt{3}-1}{\sqrt{2}}=\frac{\sqrt{6}-\sqrt{2}}{2}=\frac{\sqrt{2}(\sqrt{3}-1)}{2}$$

$\sqrt{2}>1.41$ と $\sqrt{3}>1.73$ を使ってxを近似計算してみる。

$$x=\frac{\sqrt{2}(\sqrt{3}-1)}{2}>\frac{1.41\times(1.73-1)}{2}=\frac{1.41\times0.73}{2}=0.51465>0.51$$

半径1の円に内接する正十二角形の周の長さをLとすると、

$$L=12x>12\times0.51=6.12>6.10 \quad \cdots\cdots①$$

Lが半径1の円周（2π）より短いことは図より明らかなので、①より

$$6.10<L<2\pi \Rightarrow 6.10<2\pi \Rightarrow 3.05<\pi$$

（証明終わり）

の長さであることは明らかである。これより円周率は3よりは大きく4よりは小さいことが証明できる。ただ、正方形や正六角形の周の長さでは円周との差が大きく「見積もり」が甘い。

見積もりの精度をよくするためには、もっと正多角形の頂点の数を増やした方がいいだろう。そうすれば、円と正多角形の間の「隙間」が小さくなって、正多角形の1周の長さは円周により近くなるからだ。

ちなみに、冒頭で紹介した東大の問題は、円に内接する正十二角形を考えれば解決する(解答例を前頁に記す)。

アルキメデスは、円に内接する**正九十六角形**と円に外接する**正九十六角形**を考えることで、円周率が**3・1408**よりは大きく、**3・1429**よりは小さいことを突き止めている。小数点以下2桁までは正確な値を求めることに成功したわけである。

松本人志と円周率

円周率の値を、正多角形を使って計算する試みは東洋でも行われた。5世紀には中国

（宋）の**祖沖之**（そちゅうし）（429〜500）が**正2万4576角形**を使って小数第6位まで、17世紀には日本の**関孝和**（せきたかかず）（1642?〜1708）が**正13万1072角形**を用いて小数第10位までの正しい値を求めることに成功している。

祖や関の執念もものすごいが、海の向こうの西洋では関より前にオランダの**ルドルフ・ファン・ケーレン**（1540〜1610）が、**正2^{62}角形**（2^{62}＝約461京1686兆）を考えることで、**小数第35位までの値**をはじき出している。「2^{62}」というのは、19桁にもおよぶ巨大な数であるから、計算機のない時代にいったいどれだけの心血を注いだのかと思うと、舌を巻くほかない。ドイツでは彼の功績を称えて、円周率のことを**ルドルフ数**ということがある。

話は飛ぶが、人気テレビ番組「ダウンタウンのガキの使いやあらへんで！」の中に、ダウンタウンの2人が視聴者からの質問に面白おかしく答えるという人気のコーナーがある。以前そのコーナーに**「円周率の最後の数字はなんですか？」**という質問が寄せられたことがあった。

そのときの松本人志さんの答えが実に秀逸だったので、今もよく覚えている。数字なんて0から9までしかないのだから、どの数字を答えたとしても、予想の範囲内になってしまう。お笑いのお題としてはかなり難しい部類に入るのではないだろうか。しかし松本さんは、相方の浜田雅功さんとのフリートークでさんざん盛り上げたあと、「じゃあ、言いましょう！　円周率の最後の数字は……『？』です！」と言ったのだ（文章で書いても本来の面白さは万分の一も伝わっていないと思う。松本さんの名誉のためにも、実際の放送では、会場は爆笑に包まれていたことを記しておく）。

私はそれを観て大笑いしたあと、それにしても見事な答えだと思った。なぜなら、松本さんの答えは数学的にまったく正しいからだ。

無理数は永遠に続く

円周率はいわゆる無理数である。無理数というのは（分子も分母も整数の）分数で表すことができない。これは小数点以下に規則性のない数が永遠に続くことを意味する。

逆に（分子も分母も整数の）分数で表すことができる数（有理数という）は、次頁の図のように小数点以下の数字が有限個で終わるか、永遠に続く場合はその並びに規則性がある。

円周率は無理数であるから、数の並びに終わりはない。「最後の数字」は存在しないし

【有理数と無理数】

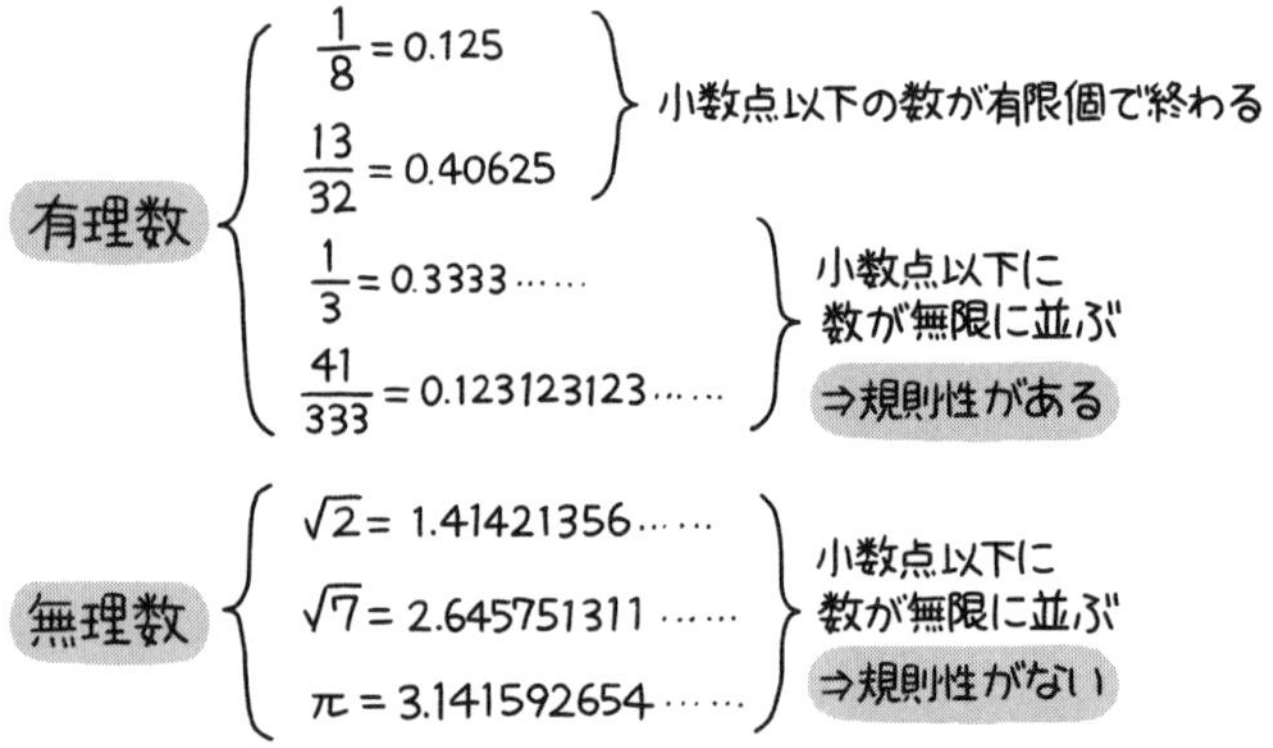

有理数

- $\frac{1}{8} = 0.125$
- $\frac{13}{32} = 0.40625$

小数点以下の数が有限個で終わる

- $\frac{1}{3} = 0.3333\cdots\cdots$
- $\frac{41}{333} = 0.123123123\cdots\cdots$

小数点以下に数が無限に並ぶ

⇒規則性がある

無理数

- $\sqrt{2} = 1.41421356\cdots\cdots$
- $\sqrt{7} = 2.645751311\cdots\cdots$
- $\pi = 3.141592654\cdots\cdots$

小数点以下に数が無限に並ぶ

⇒規則性がない

規則性もないのだから答えることはできない。まさに「?」なのである。

ところで、円周率が無理数であることは、紀元前4世紀のアリストテレスは既に予想していたようであるが、ドイツの**ヨハン・ハインリヒ・ランベルト**（1728〜1777）や、フランスの**アドリアン＝マリ・ルジャンドル**（1752〜1833）によって実際に証明されたのは18世紀後半のことだった。

アルキメデス的な正多角形を用いた円周率の「見積もり」は、無限に続くものを有限のもので「近似」しているに過ぎない。おのずと限界が見えてくる。

【ヴィエトの公式（1593）】

$$\frac{2}{\pi}=\frac{\sqrt{2}}{2}\times\frac{\sqrt{2+\sqrt{2}}}{2}\times\frac{\sqrt{2+\sqrt{2+\sqrt{2}}}}{2}\times\frac{\sqrt{2+\sqrt{2+\sqrt{2+\sqrt{2}}}}}{2}\times\cdots\cdots$$

$\sqrt{2}$の中の「2」を「$2+\sqrt{2}$」で置き換えて、
延々掛け合わせていく……

そこで、代数学の父の一人でもある**フランソワ・ヴィエト**（1540〜1603）は、上の図のような無限に続く数の掛け算で円周率を表すことを考えだした。

ヴィエト以降、円周率の計算は、このような無限に続く数式で計算する方法へと大きく舵をきることになる。94頁で紹介したラマヌジャンの公式もそのうちの1つである。

小数点以下31兆4000億桁まで求められた！

小数点以下に不規則（ランダム）な

数が無限に続くということは――有限の数の並びであれば――どのような数の並びも円周率の中には含まれるということである。**あなたの誕生日と一致する4桁の数の並びはもちろん、地球上のいかなる人物の生年月日であっても、それと一致する8桁の数の並びがそこには存在するのだ。**

もっと言えば、文字情報をコンピュータに理解させるときのように、言葉を数値に変換すれば、シェイクスピアの『ハムレット』の全文を丸々数値に変換したものとまったく同じ数字の並びを見つけることだってできるだろう。これもまた「無限」の果てしなさを感じる話である。

ただし、以上の話が成立するためには、円周率の数の並びが完全にランダム（そういう数の並びを乱数という）でなければならない。これまでにわかっている円周率の数字の並びの中から0~9の数字のそれぞれの出現回数を調べると、ほぼ同数になっていることからも、おそらく円周率の数字の並びは乱数であると思われているが、数学的な証明はまだなされていない。

２０１9年の3月14日（円周率の日）に、アメリカのGoogle社は、日本出身の**岩尾エマはるか**さんが、円周率を小数点以下**31兆４０００億桁**まで計算することに成功したと発表した。これは、2016年に作られたそれまでの記録を約9兆桁も更新する、ものすごい記録である。岩尾さんは12歳のときから円周率の計算に興味を持ち、かつて円周率計算の世界記録保持者でもあった筑波大の高橋大介教授のもとで計算科学を学んだらしい。

円周率は正確な値が絶対にわからない数である。

それにもかかわらず、円周率はおよそ円とは関係がなさそうな分野も含めて、ありとあらゆる数学や自然科学の数式の中に顔を出す。実に神秘的で不思議な「定数」なのだ。

「そんな重要な数なのに正確な値がわからないというのは不便だろう」とでも思ったのか、19世紀末のアメリカのインディアナ州で、なんと法律によって円周率の値が決められそうになったことがある。エドワード・J・グッドウィンという医師兼アマチュア数学者が「直径10の円の円周の長さは32である」という内容を含む論文を議会に提出したところ「グッドウィンの論文を数学の新しい真理として認め、青少年にこれを無償で教育する」という法案が作られてしまったのだ。

この論文を認めると円周率はちょうど3・2ということになってしまう。しかも、こともあろうに、このトンデモ法案は下院において満場一致で（！）可決されたというから驚く。そのときたまたま州知事のもとを訪れていた数学者に、この法案の存在が知らされたことは、インディアナ州の若者たちにとって幸運だった。慌てた彼は「円周率の正確な値は決して定めることができない」と、夜を徹して上院議員たちに詳しく説明したそうである。そのおかげで、上院ではこの法案は無期限延期の議案となった。

実に危ないところであった……と言っても、もしかしたら読者の中には「どうして円周率の正確な値にこだわるの？　3・2というのは誤差が大き過ぎるかもしれないけれど、円周率は3・14ということにしちゃっても、**実用上は別に困らないのでは？**」と思う人がいるかもしれない。

「はやぶさ」の帰還を支えた円周率の値

しかし、円周率＝3・14にしてしまうと、失敗する国家的プロジェクトもある。日本の惑星探査機「はやぶさ」のことをご存知の方は多いと思う。計画の途中で地球との通信が途絶えてしまったものの、関係者の不断の努力によって見事に地球に帰還した奇跡のストーリーはニュース等で大きく取り上げられて、映画にもなった。あの「はやぶさ」の軌道計算における円周率の値は「3・141592653589793」が使われていたらしい（16桁）。ＪＡＸＡによると、もし円周率を３・１４として計算していたら、最大で約15万キロメートルも軌道がずれてしまい、たとえ通信が復活しても、はやぶさは地球に還れなかったはずなのだ。

古代ギリシャ以降、洋の東西を問わずあまたの数学者が挑み、現代ではコンピュータエンジニアたちの飽くなき挑戦を受け続けている円周率。しかし、その戦いには決して「終わり」がない。

虚数と量子コンピュータ

2乗すると負になる数

「縦と横の長さの和が10で、面積が24であるような長方形の縦と横の長さを求めなさい」という問題があったら、どう解くだろうか。試験に出てきそうな問題で、身構えてしまうかもしれないが、この問題はそう難しくない。要は足し合わせると10になり、掛け合わせると24になるような2つの数を考えれば良い。これは暗算でも求められる。**4**と**6**である。

では、**「縦と横の長さの和が10で、面積が20であるような長方形の縦と横の長さを求めなさい」**と言われたらどうだろう?

今度は暗算で解くのはちょっと難しいかもしれない。ただ、中学3年生用の問題として

【2次方程式を図形的に解く】

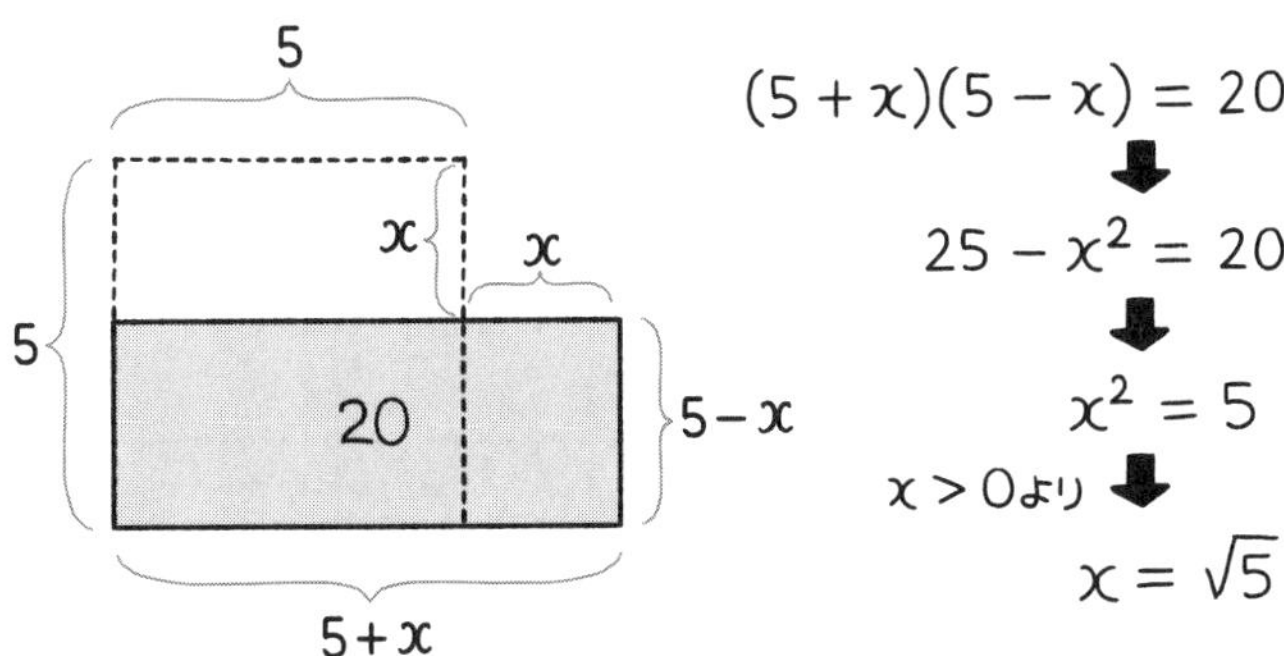

「縦と横の長さの和が10」という条件に当てはまる正方形を考えて、それを変形することで「面積が20」の長方形を作るイメージである。

は標準的な問題であり、縦の長さをx、横の長さをyとでもおいて連立方程式を作り、最終的には2次方程式の解の公式（343頁）を使えば答えが出る。

ただここでは、縦も横も5である正方形より、縦の長さはxだけ短く、横の長さはxだけ長い長方形を考えて、上の図のように解くことを考えよう。そうすると**$x^2=5$**であり、xは正の数であることから、**$x=\sqrt{5}$**とわかる。よって長方形の縦の長さと横の長さは$5-\sqrt{5}$と$5+\sqrt{5}$である。

同じ手法で**「和が10で積が40であるような2つの数」**も求めてみる。しかし今度は$x^2=-15$になって

【カルダノの答え】

$$(5+x)(5-x)=40$$

↓

$$25-x^2=40$$

↓

$$x^2=-15 ?$$

カルダノは疑心暗鬼ではあったが……

↓

$$x=\sqrt{-15}$$

とした。

ううっ…

ジローラモ・カルダノ

実際

$$(5+\sqrt{-15})+(5-\sqrt{-15})=10$$

$$(5+\sqrt{-15})(5-\sqrt{-15})$$
$$=25-(-15)$$
$$=40$$

しまい、困ってしまう。2乗すると負になる数など存在しない……。

3次方程式の解の公式にその名を残しているイタリアの**ジローラモ・カルダノ**（1501〜1576）も、著書**『アルス・マグナ（大いなる技法）』**の中でまったく同じ問題に直面している。

ただカルダノはここで諦めて「解は無し」とするのではなく、$x^2=5$ →$x=\sqrt{5}$のときと同じ様に、「−15」を無理やり√の中に入れて、$x^2=-15$ →$x=\sqrt{-15}$とした。

そして求める答えは$5+\sqrt{-15}$と$5-\sqrt{-15}$であるとした上で「**精神的**

【和が10になる2つの数の積】

和が10	…	-2	-1	0	1	2	3	4	5	6	7	8	9	10	11	12	…
	…	12	11	10	9	8	7	6	5	4	3	2	1	0	-1	-2	…
積	…	-24	-11	0	9	16	21	24	**25**	24	21	16	9	0	-11	-24	…

↑ 最大値（25）

な苦痛を無視すれば、この2つの数の足し算の答えは10になり、掛け算の答えは40になる。ただしこれは詭弁的（きべんてき）であり、数学をここまで精密化しても実用上の使いみちはない」と書き添えた。

虚数に挑んだ天才

半ば強引であるし、カルダノ本人もその存在を積極的に認めたわけではなかったが、『アルス・マグナ』は「2乗すると負になる数」に言及した人類初の書物である。

なお「和が10、積が40となる2つの

【虚数単位i】

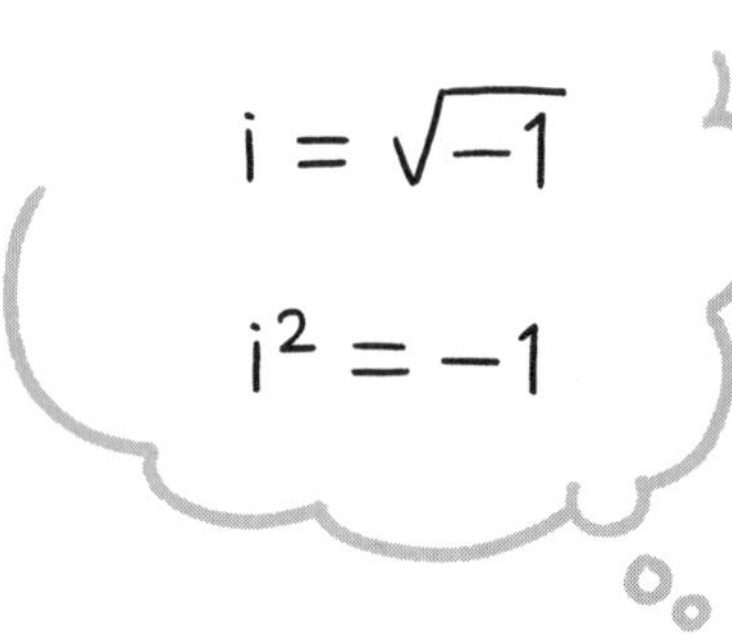

数」が現実には存在しない理由は、和が10になる2つの数の積の最大値は25だからである（前頁の表を参照）。

今日では「2乗すると負になる数」を**虚数**という。虚数は現実には存在しない数なので、現実の数（**実数**という）が集まった数直線上には書くことができない。

そのためフランスの**ルネ・デカルト**はカルダノが持ちだした「2乗すると負になる数」のことを、否定的な意味合いをこめてフランス語で「nombre（ノンブル） imaginaire（イマジネール）（想像上の数）」と呼んだ。これは虚数を意味する英語「imginary number」の語源となった。

【オイラーの公式】

$$e^{ix} = \cos x + i \sin x$$

（網掛け部分）に虚数単位の「i」が入っている

前述の通り、デカルトは数式と図形を結び付けることを考え出したその人であるから、「図に書けない数」は受け入れがたかったのかもしれない。

しかし、18世紀になると「虚数＝図に書くことができない想像上の数」を探求しようとする天才が現れる。本書ではもう何度も登場している、スイスの**レオンハルト・オイラー**である。

オイラーは$\sqrt{-1}$を虚数単位と定め、「imginary number」の頭文字を取って「i」と表すことにした。そして長い研究の末に「世界で最も美しい数式」＝「オイラーの公式」（上の図参照）にたどり着くことになる。

ただし、オイラーが虚数の研究を掘り下げた後も、虚数の存在を認める者は決して多くなかった。ヨーロッパでは負の数を受け入れることさえ長い時間がかかったくらいだから、この世に存在しない「想像上の数」に懐疑的であったのは無理もない。

ガウスの発見

こうした状況があることをきっかけに一変する。それは、デンマークの測量技師**カスパー・ヴィッセル**（1745〜1818）やフランスの会計士**ジャン・ロベール・アルガン**（1768〜1822）、それにドイツの大数学者**フリードリヒ・ガウス**らがそれぞれ独自に、実数が集まった数直線（**実軸**という）と直交する**虚数の数直線**（**虚軸**という）を考案したことである。彼らが虚数は虚軸の上に「存在」すると主張したことにより、虚数は初めて「目に見えるもの」になり、広く認められるようになったのだ。

ガウスは、実数と虚数を組み合わせたものを**複素数**と呼んだ。実数と虚数という互いに異なる複数の要素を組み合わせた、**新しい数**の誕生であった。さらにガウスは実軸と虚軸を組み合わせ、複素数と座標平面上の点を1対1に対応させた平面を**複素数平面**と

【複素数平面】

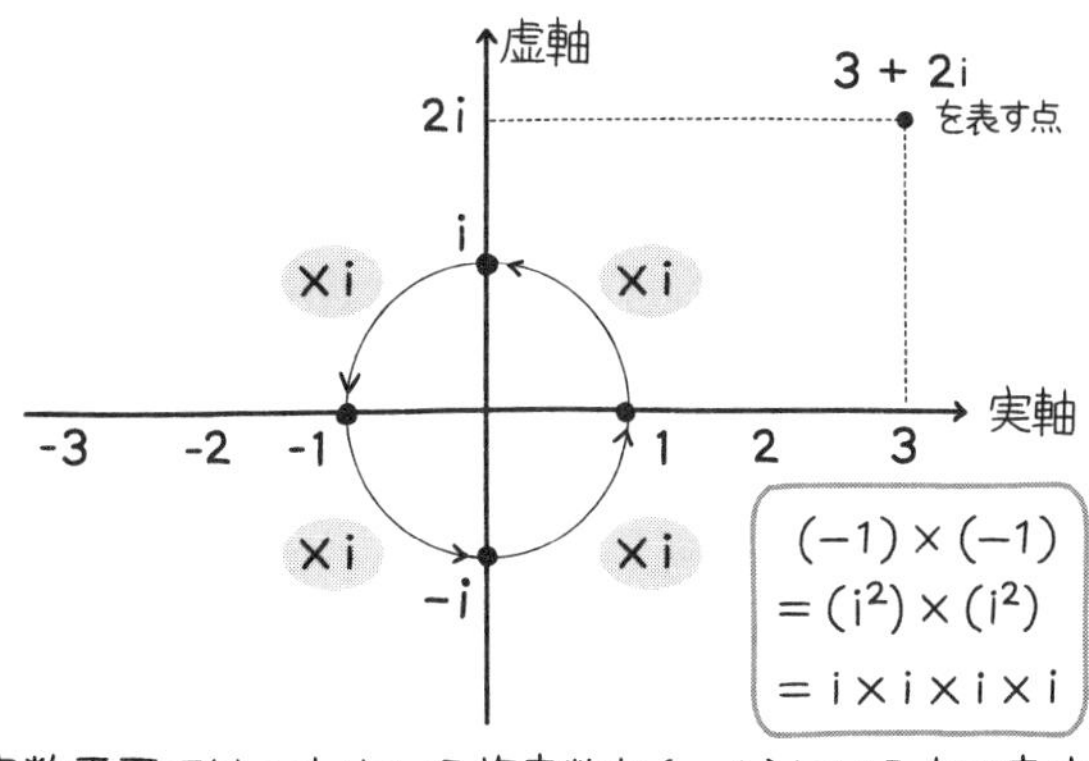

複素数平面ではa+biという複素数を(a，b)という点で表す。
これにより、1=1+0iは(1，0)、
i=0+1iは(0，1)という点になるので
iを掛けることは、原点のまわりの90°回転を表すといえる。

名付けた。

複素数平面においては、ある数にiを掛けると、その数を表す点が原点を中心として反時計回りに90度回転する。$i^2=-1$であることを思い出すと、−1を掛けることはiを2回掛けることであり、180度回転である。よって−1を2回掛けることは360度回転となり、元の点に戻る。結局(−1)×(−1)=1となる（上の図）。

ガウスの考案した複素数平面とオイラーの公式を組み合わせると、2つの波（三角関数のグラフ：サインカーブとコサインカーブ）を1つの円で表すことができる（次頁の図）。このように

【2つの波が1つの円に】

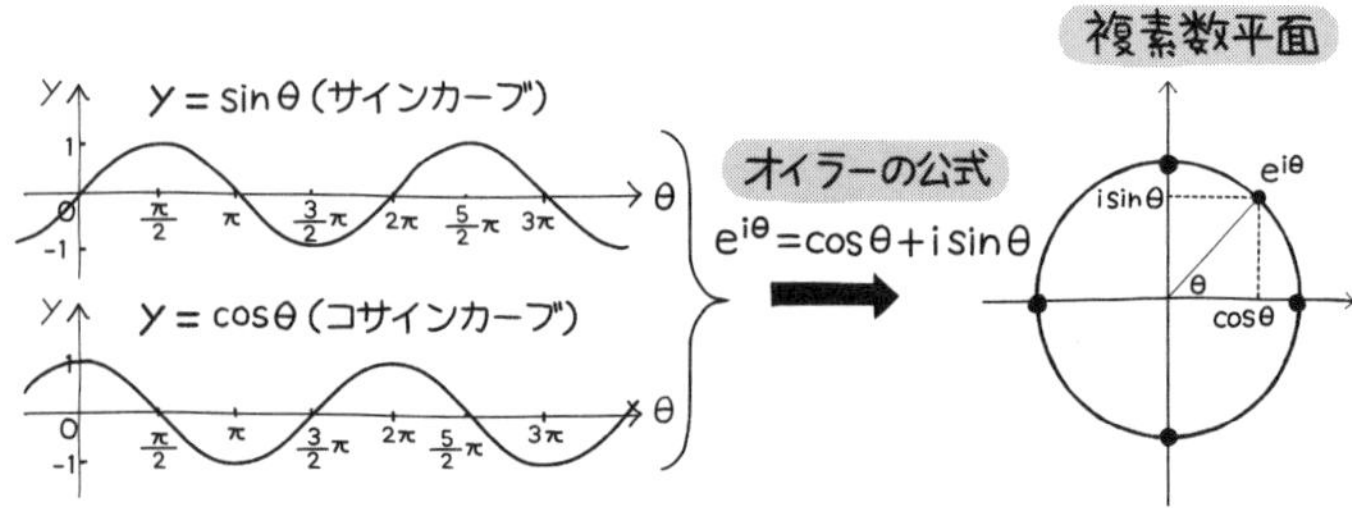

オイラーの公式と複素数平面によって、
2つの波（サインカーブとコサインカーブ）が
1つの円に集約される。

2つの現象をまとめてコンパクトに記述できるようになることも、複素数の効能の1つである。

東大名誉教授の畑村洋太郎氏は、著書『直観でわかる数学』（岩波書店）の中で**「複素数は一種の圧縮ソフトである」**と書いているが、実に言い得て妙だと思う。

量子コンピュータと虚数

とはいえ、いくら複素数平面によって虚数を「目に見えるもの」にしたからと言って、本当には存在しない数なのだから、そういう数を発明し議論す

【シュレディンガー方程式】

$$i\hbar\frac{\partial\psi}{\partial t}=-\frac{\hbar^2}{2m}\frac{\partial^2\psi}{\partial x^2}+V\psi$$

虚数単位

ることに、なんの意味があるのかと思われるかもしれない。

しかし、実は原子や電子などの100万分の1ミリメートル以下の世界を支配する**「量子力学」**では、その最も基本となる方程式（**シュレディンガー方程式**という）に虚数単位のiが登場する（上の図。もちろん眺めるだけで十分である）。

量子力学が扱うミクロの世界では、私たちの常識からは考えられないことが起きる。物質は波と粒子の両方の性質を持ち、1つの物質が同時に複数の場所に存在する。物質が何もない真空から生まれたり消えたりもするし、壁を通り抜けることもある。そういった世界の物理を記述するために、複素数はどうしても欠かすことができないのだ。

量子力学は現代の科学技術の土台となっている。量子力学がなければスマホもパソコンも生まれなかったと言っていい。たとえば最近話題の「量子コンピュータ」も、その名の通り、量子力学の理論を応用して作られている。従来のコンピュータは「0」か「1」かで計算を進めるの対し、量子コンピュータでは「0」でもあり「1」でもあるという状態を利用することによって、極めて高速の計算が可能になる。量子力学なしには、つまり虚数なしには、人類は現代の文明を築けなかったとさえ言えるのだ。

虚数に記述されるのは、ミクロの世界だけではない。かのホーキング博士は「虚数の時間(**虚時間**という)」を用いることによって、アインシュタインの相対性理論を破綻させることなく、宇宙の始まりを説明することに成功している。

ライプニッツの慧眼

現代の物理学に虚数は欠かすことができないのだが、でも、それでも、現実世界を記述するために、現実には存在しない数が必要だということが、どうしても腑に落ちないという方もきっといらっしゃることだろう。そういう方には、前に紹介したクロネッカーの言葉（20頁）を思い出していただきたい。

1、2、3、……という「自然数」は神様が作ったものかもしれないが、それ以外の数はすべて、0も負の数も小数も分数も無理数も、人間が（当時は）未知の世界を記述するために、新しい概念を導入することによって生み出してきた。直角二等辺三角形の斜辺の長さを表すには無理数という新しい数が必要であったように、ミクロの世界をスッキリとコンパクトに記述するためには、複素数という新しい数が必要であり便利なのである。

最後に、ドイツの**ゴットフリート・ライプニッツ**が虚数について語ったとされる言葉を紹介しておこう。

「神はいとも崇高にその姿を現した。存在と非存在の間に漂う奇跡的産物として」

（藤原正彦・小川洋子著『世にも美しい数学入門』より）

ライプニッツはオイラーより60歳以上年上であるから、オイラーが本格的に虚数について研究し、その成果を発表するずっと前から、「2乗すると負になる数」の存在意義を感じていたのかもしれない。だとしたら、恐るべしである。

6章
とてつもない計算

魔方陣で頭の体操

簡単で奥深い数学パズル

ギリシャのピタゴラスは「万物は数である」と言い、イタリアのガリレオ・ガリレイは「宇宙は数学という言葉で書かれている」と言った。確かに数学の持つ厳密性や合理性は、宇宙の真理を解き明かすのにふさわしい。

科学者でなくても日々の暮らしの多種多様な価値観の中で自分なりの結論を論理的に導くためには、数学的な思考力は必要だ。ＩＴ（インターネットとコンピュータを駆使する情報技術）の発展とＡＩ（人工知能）の台頭によって、「数字」の存在感が日に日に大きくなっている。現代人たるもの統計リテラシーを身につけなければいけない、という文言も既に「耳たこ」だろう。

【魔方陣】

4	9	2
3	5	7
8	1	6

縦・横・斜めの3つの数字を足すとどこも「15」になる

しかし、数学はこうしたいわば「高尚な」目的のためだけにあるわけではない。遊びの中にも数学は大いに登場する。ギャンブルをするとき、確率の素養があれば有利だ。また多くのパズルは数学を使って作られている。そんな「数学パズル」の中でも特に有名で長い歴史を持つのが**魔方陣**である。

魔方陣というのは、**正方形に並んだ数字のどの行、どの列、どの対角線を足しても同じ数になるもの**をいう。ただし同じ数字を2度以上使うことはできない。たとえば、3×3の魔方陣は上の図のようなものである。縦・横・斜めの3つの数字を足すとどこも「15」になっていることがわかってもらえると思う。このような3×3の魔方陣を3次の魔方陣という。一般に$n \times n$の魔方陣は「n次の魔方陣」と呼ばれる。

聖なる亀の甲羅の模様!?

裏返したり、回転したりして同じになるものは同一の魔方陣であると見なせば、1〜9を使った3次（3×3）の魔方陣は前頁に紹介した**1種類しか存在しない**。右上から左に読んで「**憎**（29）**し**（4）**七**（7）**五**（5）**三**（3）**、六**（6）**一**（1）坊主に**蜂**（8）が刺す」などの覚え歌もある。

ちなみに1〜16を使った4次（4×4）の魔方陣は**880種類**、1〜25を使った5次（5×5）の魔方陣は**約2億7000種類**、1〜36を使った6次（6×6）の魔方陣は**約1770京種類**あることがわかっている（1京は1兆の1万倍）。次数が増えると飛躍的に種類が増えるのだ。

魔方陣の発祥は中国である。中国の伝説では、紀元前2000年頃、夏（か）王朝の始祖である禹（う）という皇帝が「洛水（らくすい）」という黄河の支流で拾った亀の甲羅に、3次の魔方陣の数字と同じ個数の点が描かれていたことになっている（前頁の図参照）。

この亀は神から与えられた聖なる亀だとされた。禹が政治や経済に関する原則を9つにまとめた「**洪範九疇**（こうはんきゅうちゅう）」を作ったのは、「聖なる亀」の甲羅の模様が9つのマス目に分かれていたからだと言われている。また「九星術」という占いも、この亀の模様から生まれた。魔方陣は今でこそ数学パズルとして楽しまれているが、昔は神秘的なものとして捉えられていたのだ。

中国で生まれた魔方陣がどのようにして西洋に伝わったかは定かではないが、16世紀の画家アルブレヒト・デューラーが『メランコリア』という作品の中に、占星術的な意味合いをこめて4次の魔方陣を書き込んでいる。

魔方陣には、平方数（ある整数の2乗になっている数）だけで作った**平方数魔方陣**や、素数だけで作った**素数魔方陣**など、いくつもヴァリエーションがある（もちろんこれらを考えるときに使う数字は、通常の魔方陣とは異なり、飛び飛びの数字になる）。

$n \times n$のマス目をn段重ねた立方体において、前後・左右・上下、斜めのいずれのn個の数字を足しても同じになる、立体的な魔方陣もある。これを**立体方陣**（**あるいは立方陣**）という。303頁に3×3×3の立体方陣の例を示す。前後・左右・上下のどちらの方向も、3つの数を足し合わせたら「42」になっていることを確認してもらいたい。

また「斜め」に関しても、立方体の**立体対角線**上の3数（立方体の内部を貫く対角線上の3数：12と14と16など）の和もやはり「42」になっている。

ただし、立方体の**平面対角線**上の3数（各面の対角線上の3数：8と27と16など）の和は必ずしも「42」になっていない。立体方陣の場合は、「斜め」は立体対角線だけを考え、平面対角線については考えないのが普通である。

ちなみに、立体対角線上の数の和だけでなく、平面対角線上の数の和も一定になる立方方陣は、5×5×5以上の大きさでないと存在しないことがわかっている。

日本人による立体方陣

フランスのピエール・ド・フェルマーやスイスのレオンハルト・オイラーも魔方陣を研究している。特にフェルマーは熱心で、4×4×4の立体方陣も作ろうしたが完成には至っていない。実は、世界で初めて4×4×4の立体方陣を作ることに成功したのは、日本人の**久留島喜内**（くるしまきない）（1690頃～1758）である。

久留島は関孝和（1642～1708）、建部賢弘（たけべかたひろ）（1664～1739）と共に三大和算

【和が42の魔方陣】

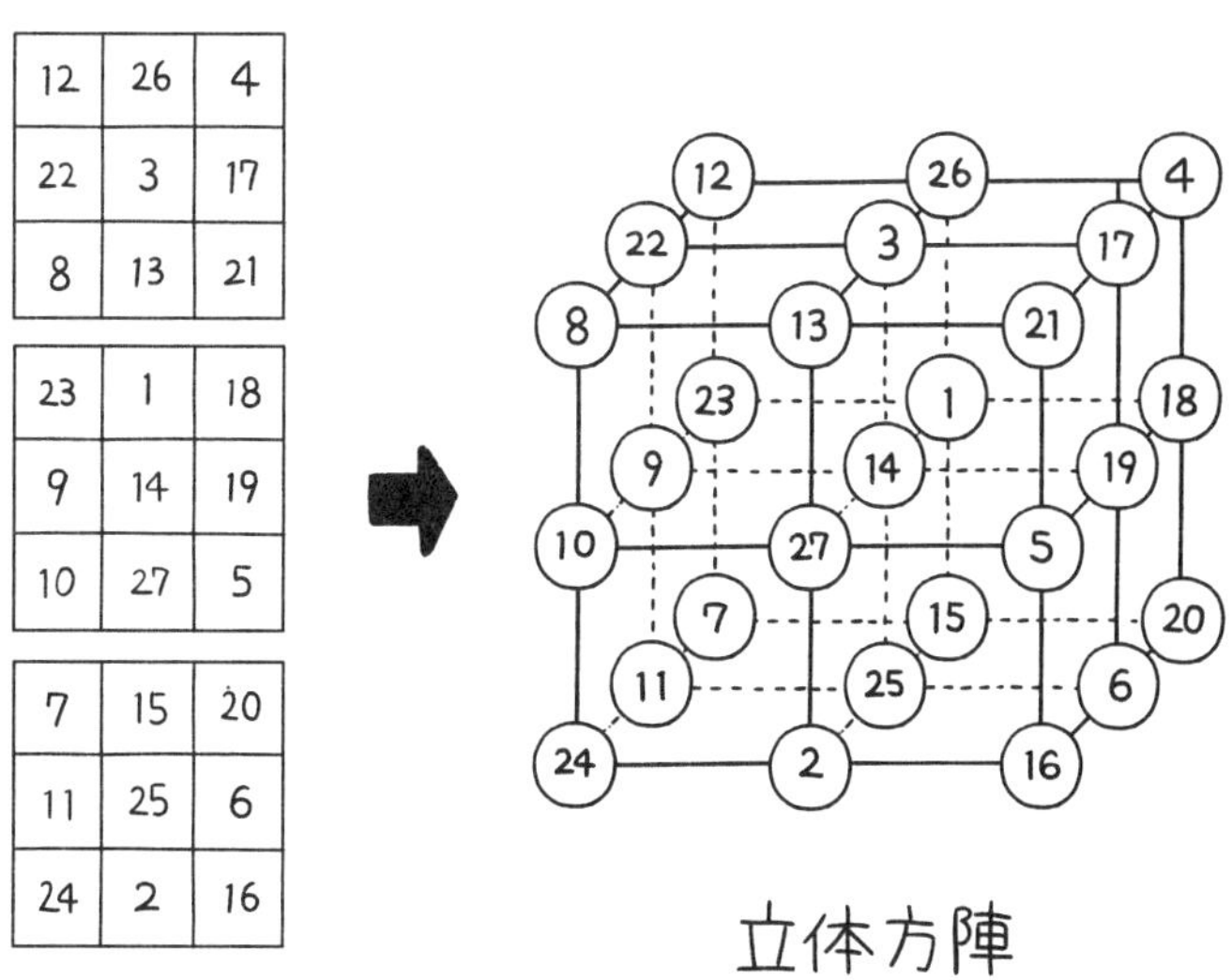

前後・左右・斜めの3つの数字を足すとどこも「42」になる

家の1人に数えられていて、数論や線形代数の分野でオイラーやフランスのピエール＝シモン・ラプラスを凌ぐ研究もしていた。しかし、無類の酒好きで酒席にいる時間が長かったうえに、功名心とも無縁だったことから、生前はほとんど著作を残さなかった。久留島の偉業が弟子たちによって明るみに出たのは、彼の死後のことである。

魔方陣「読者への挑戦状」

さて、ウンチクはこれくらいにして、この後は読者の皆さんに次頁の4×4の魔方陣を完成してもらいたいと思う。「頭の体操」として気軽に取り組んでもらえたら嬉しい。ただし、やみくもに数字を入れても、なかなかできないものなので、魔方陣に取り組む際の基本を先にお伝えしておこう。

【基本1】4×4の魔方陣の場合、縦、横、斜めの4つの数の和は、常に**34**である（理由は後述する）。

【基本2】使える数は1〜16に限られることに注意しつつ、すでに見えている数の

【読者への挑戦状】

【魔方陣の和は次のようになる】

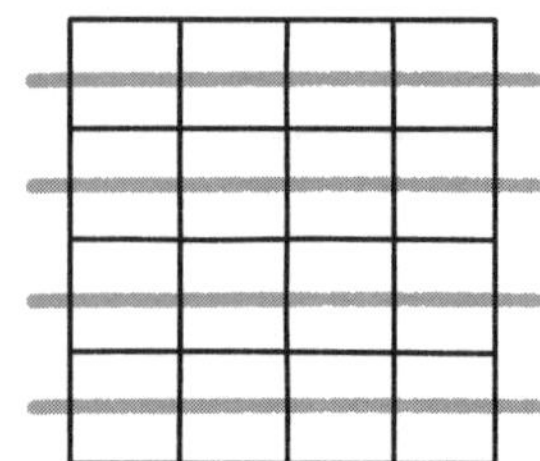

4本のラインの合計が
1＋2＋……＋16＝136
⬇
1本のラインは
136÷4＝34

ラインを見つけて
候補をしぼろう！

和が**極端に大きかったり小さかったりするラインを探し**、そこから「候補」をしぼっていく。

次頁以降に考え方の一例と答えを示す。

なお縦、横、斜めの数の和が「34」であることは、次のように考えればわかる。

４次の魔方陣の場合、４×４のマス目には１～16の数が使われていて、１～16をすべて足すと１３６になる。これは、４本のライン上の数の合計が１３６であるということなので、１本のライン上の数の合計は１３６を４で割れば求まる。

同じように考えると、n次の魔方陣は縦、横、斜めがどれも「$\frac{n(n^2+1)}{2}$」になることが導ける（数列の和の知識を少々使う）。

【考え方の一例】

4	a	15	b
c	d	e	8
f	7	g	h
i	2	3	j

①

[残っている数字]

1				5	6		
9	10	11	12	13	14		16

i + j = 29

⇒ (i, j) = (16,13) or (13,16)

1 空欄になっているマス目の数にa〜jの名前をつける。
上の①のラインに注目すると、
4つの数の合計は34であることからi+jは29であることがわかる。
残っている数字を見ると(i, j)は(16,13)か(13,16)のいずれかしかない。
まず (i, j) = (16,13) の場合を考える。

②

4	a	15	b
c	d	e	8
f	7	g	h
16	2	3	13

[残っている数字]

1				5	6		
9	10	11	12		14		

a + d = 25

⇒ (a,d) = (14,11) or (11,14)

2 同様に、上の②のラインを考えると
(a,d)は(14,11)か(11,14)のいずれかだが、

(a,d) = (11,14)の場合はb=4となり不適(4は1回しか使えない)。

よって (a,d) = (14,11)。

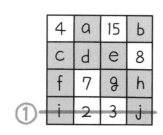

4	14	15	b
c	11	e	8
f	7	g	h
16	2	3	13

[残っている数字]

1				5	6		
9	10		12				

$b=1 \Rightarrow h=12 \Rightarrow g=6$
$\Rightarrow f=9 \Rightarrow c=5 \Rightarrow e=10$

③ここまでくれば
縦、横、斜めのラインが
どれも「34」になることを使って、
残りのマス目の数も次々と判明する。
右が完成形である。

できあがり！

[正解]

4	14	15	1
5	11	10	8
9	7	6	12
16	2	3	13

なお、$(i,j)=(13,16)$ の場合は、
先ほどと同じように考えると、
右のようになってしまい
数が重複するので不適である。

4	14	15	1
2	11	13	8
15	7	3	9
13	2	3	16

万能天秤を知っていますか？

偽物の硬貨を探せ！

次頁の問題を読んでほしい。

じっくり考えたい方には申し訳ないが、答えを先に言ってしまおう。**2回**である。

「え？　たった2回？」と思われるかもしれない。具体的な方法は次の通り。

《1回目》

適当に選んだ3枚ずつを左右に乗せ、釣り合えば残りの2枚、傾けば下に傾いた方の3枚の中に偽物がある。

【問題】

硬貨が8枚あり、その中に偽物が1枚入っている。
偽物は本物より少しだけ重い。

さて偽物を見分けるために天秤が用意されている。

どのようなケースでも必ず偽物を見分けるためには、
最低何回天秤を使えば
偽物を探し当てることができるだろうか？

《2回目》

1回目が釣り合えば、残り2枚を1枚ずつ左右に乗せ、下に傾いた方が偽物。

1回目が傾けば、重い方の3枚の内1枚ずつを左右に乗せ、釣り合えば残りの1枚が偽物、傾けば下に傾いた方が偽物。

ではコインの枚数が**20枚**のときはどうだろう？　コインが20枚に増えても天秤を**3回**使えば必ず偽物のコインを特定できる。

《1回目》

適当に選んだ9枚ずつを左右に乗せ、釣り合えば残りの2枚、傾けば下に傾いた方の9枚の中に偽物がある。

《2回目》

1回目が釣り合えば、残り2枚を1枚ずつ左右に乗せ、下に傾いた方が偽物。

1回目が傾けば、重い方の9枚の内3枚ずつを左右に乗せ、釣り合えば残りの3枚の中に偽物がある。傾けば下に傾いた方に偽物がある。

《3回目》

1回目に傾いた場合、2回目で判明した「偽物を含む3枚」の内1枚ずつを左右に乗せ、釣り合えば残りの1枚、傾けば下に傾いた方が偽物。

実は、同様に考えることで、27枚までのコインなら、天秤を3回使えば必ず偽物のコインを特定できる。もっと言えば、**3^n枚**までのコインならどのようなケースでも、天秤をn回使えば偽物のコインを言い当てることができるのだ。ぜひ先に挙げた例以外でもいろいろな枚数のコインで考えてみてほしい。よい頭の体操になるだろう。

数学センスが問われる問題

天秤つながりで、もう1題考えてもらいたい問題ある。こんな問題だ。

問題：天秤を使って、1グラム〜40グラムまで1グラムきざみで量るためには、最低何個の分銅が必要か。

少し慣れた人なら、**「1グラム、2グラム、4グラム、8グラム、16グラム、32グラムの6個」**と答えてくれると思う。確かにこの6個の分銅を使えば、次頁の表のように1グラム〜40グラムのすべての重さを1グラムきざみで量ることができる（表の「1」は使う、「0」は使わないことを示す）。

分銅の重さはすべて2^nグラムになっている（数学では$1=2^0$と考える）ところがポイントである。この表を見て**二進法**の表（251頁）を思い出した人は数学的に筋がいい。

我々が普段使っている十進法の各桁に使える数字は0〜9だが、**二進法の各桁に使える数は0と1だけであり、0は「使わない」に、1は「1個使う」にそれぞれ対応させることができる。**

たとえば、13を二進法で表すと「1101」となる。これは13グラムのものが8グラム、4グラム、1グラムの分銅1個ずつで量れることを意味する。そして**十進法のすべての数は二進法でも表せる**ので、2^nグラムの分銅は1個ずつ用意しておけば十分なのである。

では、たとえば4^nグラムの分銅を用意する場合はどうだろうか？　この場合は各桁に0〜3を使う四進法で考える。

13を四進法で表すと「31」になる（316頁参照）。13グラムのものを量るためには、4

【2^ngの分銅を使った量り方（2^nは2のn乗）】

分銅＼重さ	1g	2g	3g	4g	5g	6g	7g	8g	9g	10g
1g (2^0g)	1	0	1	0	1	0	1	0	1	0
2g (2^1g)	0	1	1	0	0	1	1	0	0	1
4g (2^2g)	0	0	0	1	1	1	1	0	0	0
8g (2^3g)	0	0	0	0	0	0	0	1	1	1
16g (2^4g)	0	0	0	0	0	0	0	0	0	0
32g (2^5g)	0	0	0	0	0	0	0	0	0	0

分銅＼重さ	11g	12g	13g	14g	15g	16g	17g	18g	19g	20g
1g (2^0g)	1	0	1	0	1	0	1	0	1	0
2g (2^1g)	1	0	0	1	1	0	0	1	1	0
4g (2^2g)	0	1	1	1	1	0	0	0	0	1
8g (2^3g)	1	1	1	1	1	0	0	0	0	0
16g (2^4g)	0	0	0	0	0	1	1	1	1	1
32g (2^5g)	0	0	0	0	0	0	0	0	0	0

分銅＼重さ	21g	22g	23g	24g	25g	26g	27g	28g	29g	30g
1g (2^0g)	1	0	1	0	1	0	1	0	1	0
2g (2^1g)	0	1	1	0	0	1	1	0	0	1
4g (2^2g)	1	1	1	0	0	0	0	1	1	1
8g (2^3g)	0	0	0	1	1	1	1	1	1	1
16g (2^4g)	1	1	1	1	1	1	1	1	1	1
32g (2^5g)	0	0	0	0	0	0	0	0	0	0

分銅＼重さ	31g	32g	33g	34g	35g	36g	37g	38g	39g	40g
1g (2^0g)	1	0	1	0	1	0	1	0	1	0
2g (2^1g)	1	0	0	1	1	0	0	1	1	0
4g (2^2g)	1	0	0	0	0	1	1	1	1	0
8g (2^3g)	1	0	0	0	0	0	0	0	0	1
16g (2^4g)	1	0	0	0	0	0	0	0	0	0
32g (2^5g)	0	1	1	1	1	1	1	1	1	1

【二進法と四進法で考える】

二進法の場合

$$13 = 1 \times 2^3 + 1 \times 2^2 + 0 \times 2^1 + 1 \times 2^0 = 1101_{(2)}$$

（2^3＝8、2^2＝4、2^1＝2、2^0＝1）

1個使う　1個使う　使わない　1個使う　二進法

四進法の場合

$$13 = 3 \times 4^1 + 1 \times 4^0 = 31_{(4)}$$

（4^1＝4、4^0＝1）

3個使う　1個使う　四進法

数学では$a^0=1$と定義されている

（　）の数字は何進法かを表す

グラムの分銅3個と1グラムの分銅1個が必要という意味である。

いろいろな重さを1グラムきざみで量るために4^nグラムの分銅を用意する場合は、それぞれの重さの分銅を3個ずつ用意しておく必要がある。

このように2^nグラム以外の分銅を用意する場合は、同じ種類の分銅が複数必要になり（1グラムきざみで量れるようにa^nグラムの分銅を用意する場合は、同一種類の分銅がa進法の各桁に使える数の最大数と同じ分＝$a-1$個必要）、分銅の個数が増えてしまうのだ。

ネイピアやバシェはこう考えた

ちなみに、できるだけ少ない個数の分銅で重さを量るためには、2^nグラムの分銅を1個ずつ用意すべきだと最初に考えたのは、あのスコットランドの**ジョン・ネイピア**（260頁）である。ただしここまでの話は、**重さを量りたいものと分銅は同じ皿には乗せない**ことが前提になっている。

ネイピアより31歳下のフランスの**クロード・バシェ**（1581〜1638）は、「最も少ない個数の分銅で重さを量るためには、**3^nグラム**の分銅を1個ずつ用意すればよい」と主張した。実際、**「3^0＝1グラム、3^1＝3グラム、3^2＝9グラム、3^3＝27グラムの4個」**の分銅があれば、1グラム〜40グラムの重さは1グラムきざみで量ることができる。詳しく見ていこう。

読者の中には「1グラムの次の重さが3グラムだと、2グラムのものは量れないのではないか？」と思った方がいるかもしれない。

しかし、もし2グラムのものがあっても、それと1グラムの分銅を同じ側に乗せ、反対側に3グラムの分銅を乗せれば、ちゃんと量ることができる。ポイントは**重さを量りたい物体と分銅を同じ皿に乗せることを許す**ところにある。

次頁の表に、1グラム、3グラム、9グラム、27グラムの4個の分銅を使って、40グラムまでを1グラム刻みで計量する方法をまとめた。なお、**重さを量りたいものは左の皿に乗せる**ことにする。表の「1」は分銅を右の皿に乗せる、「0」は使わない、「−1」は左の皿に乗せることを示す。

1グラム~40グラムまでの重さを1グラムきざみで量るためには、たった4個の分銅があれば十分だということを知って、驚いた方は少なくないと思う。ただし、念のために分銅の個数が3個以下である可能性は無いことを示しておこう。

ここにAグラム、Bグラム、Cグラムの分銅が1個ずつ計3個あるとする。それぞれの分銅の使い方には「右の皿に乗せる」「使わない」「左の皿に乗せる」の3通りの選択肢があるので、3個の分銅の乗せ方は全部で3×3×3＝**27通り。**

ただしこれらの中には、どの分銅も使わない（量りたいものの重さが0グラム）場合が含まれているので、その分を引くと**26通り。**さらに、この26通りの乗せ方の中には、分銅だけを乗せたときに、右の皿の方が重くなるケースと、左の皿の方が重くなるケースが同

【3^ngの分銅を使った量り方】

分銅＼重さ	1g	2g	3g	4g	5g	6g	7g	8g	9g	10g
1g（3^0g）	1	−1	0	1	−1	0	1	−1	0	1
3g（3^1g）	0	1	1	1	−1	−1	−1	0	0	0
9g（3^2g）	0	0	0	0	1	1	1	1	1	1
27g（3^3g）	0	0	0	0	0	0	0	0	0	0

分銅＼重さ	11g	12g	13g	14g	15g	16g	17g	18g	19g	20g
1g（3^0g）	−1	0	1	−1	0	1	−1	0	1	−1
3g（3^1g）	1	1	1	−1	−1	−1	0	0	0	1
9g（3^2g）	1	1	1	−1	−1	−1	−1	−1	−1	−1
27g（3^3g）	0	0	0	1	1	1	1	1	1	1

分銅＼重さ	21g	22g	23g	24g	25g	26g	27g	28g	29g	30g
1g（3^0g）	0	1	−1	0	1	−1	0	1	−1	0
3g（3^1g）	1	1	−1	−1	−1	0	0	0	1	1
9g（3^2g）	−1	−1	0	0	0	0	0	0	0	0
27g（3^3g）	1	1	1	1	1	1	1	1	1	1

分銅＼重さ	31g	32g	33g	34g	35g	36g	37g	38g	39g	40g
1g（3^0g）	1	−1	0	1	−1	0	1	−1	0	1
3g（3^1g）	1	−1	−1	−1	0	0	0	1	1	1
9g（3^2g）	0	1	1	1	1	1	1	1	1	1
27g（3^3g）	1	1	1	1	1	1	1	1	1	1

【引き算を使えば、3″gの分銅だけでOK】

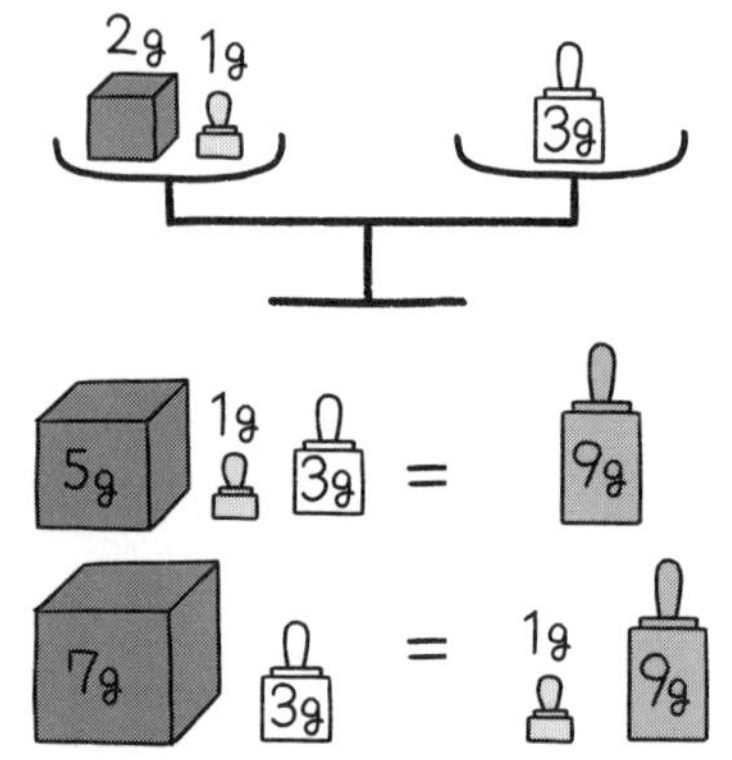

1g、3g、9g の分銅しかなくても、
「2=3-1」「5=9-（1+3）」「7=9+1−3」のように、
引き算を使えば 2g、5g、7g なども量れる。

数含まれる（次頁参照）が、後者は、左の皿に負の質量のものを乗せないと釣り合わない（注：重さを量りたいものは左の皿に乗せるというルールである）というあり得ないケースなので、実際にあり得る量り方は最大で26÷2＝**13通り**しかない。「最大で」と書いたのは、もし26通りの乗せ方の中に、左右で釣り合うケースや、乗せ方は違うのに量れる重さは同じケース等が含まれるとしたら、実際に量れる計り方はもっと減ってしまうからである。

一方、1グラム～40グラムまでは40通りあるので、3個の分銅では1グラムきざみですべての重さを量ることは、

【26通りの中にはあり得ない量り方が含まれる】

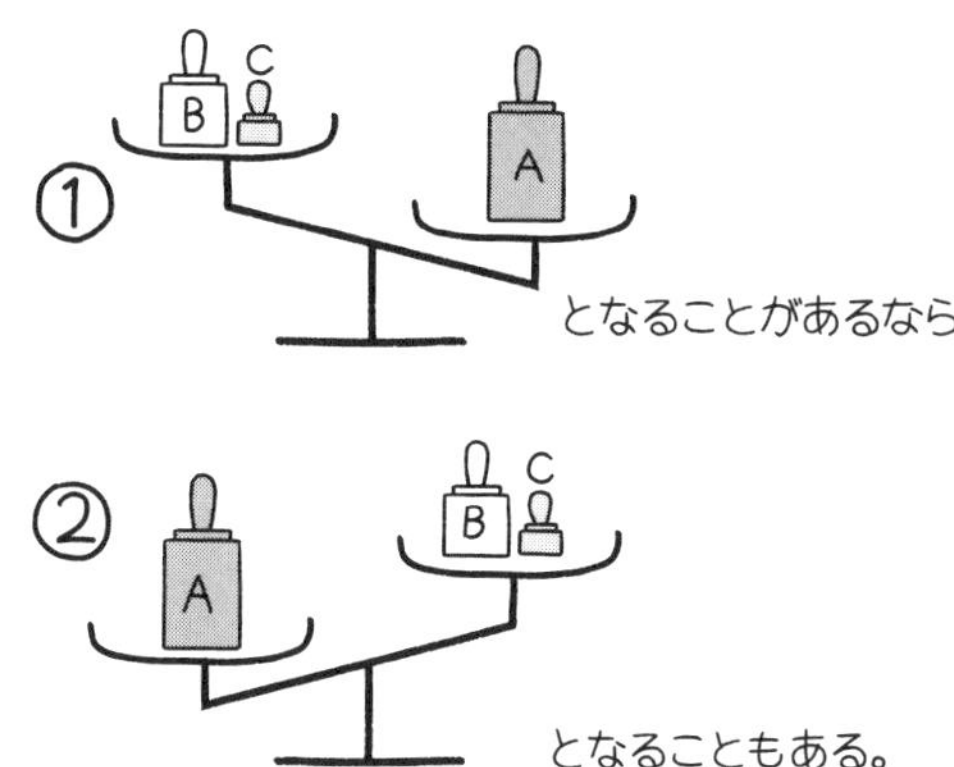
C
B
①
A
となることがあるなら
②
A
C
B
となることもある。
重さを量りたいものは、左の皿に乗せるので、
②のケースはあり得ない。

絶対に不可能であることがわかる。以上より、313頁の問題の答えは**4個**である。

お気づきかもしれないが、実は問題の「40グラム」は1＋3＋9＋27に等しい。さらに、1グラム、3グラム、9グラム、27グラムの分銅に3^4＝81グラムの分銅を加えれば、これらを合わせた**121グラム**までは1グラムきざみで量ることができる。

3^nグラムの分銅1個ずつを用意すれば、計量可能な重さのヴァリエーションが驚くほど多くなることから、3^nグラムの分銅と天秤のセットを**「万能天秤」**と呼ぶことがある。

81円コインのススメ

「万能天秤」の話は、効率の良い貨幣の製造計画に応用できる。天秤で量るものの重さを「商品の値段」、右の皿に乗せる分銅の重さを「支払う金額」、左の皿に乗せる分銅の重さを「店からもらうお釣り」と見なせば、1回の買い物については、**3^n円のコインや紙幣を1枚ずつだけ用意すれば、どんな値段にも対応できる**のだ（もちろん、持っていくコインや紙幣の合計金額以内であることが前提である）。

たとえば**880円**の買い物をする場合は、3^6＝**729円**、3^5＝**243円**、3^0＝**1円**のコインや紙幣（計973円）を1枚ずつ渡し、お店からお釣りとして、3^4＝**81円**、3^2＝**9円**、3^1＝**3円**のコインや紙幣（計93円）をもらえばよい。

最近はキャッシュレス決済がどんどん身近になっていて、現金を使うシーンが減りつつある。財布も小さなものが流行っているようだ。私も最近、それまで使っていた長財布から、クレジットカードサイズの小ぶりな財布に変えた。身軽になってうれしい。

ただ、たまに現金しか使えないお店で、お釣りとして大量の小銭をもらってしまうと、途端に財布がパンパンになってしまう。

そこで、こんな時代だからこそ、3^n円のコインや紙幣を提案したいと思う。どのコインや紙幣を使うべきかの計算がやや（かなり？）面倒なのが玉にきずではあるものの、もし実現すれば、財布に小銭がたまりすぎて「ブタ財布」になることは滅多になくなるだろうし、貨幣製造コストも大幅に削減できるはずである。何より、国民の数学力が上がるような気がするのだが、いかがだろうか。

両手を電卓にする方法

九九を暗記する国は少ない

日本では小学校2年生のときに九九を勉強する。九九の暗記は算数の最初の壁だと言ってもいいかもしれない。リズムと語呂合わせを利用して「いんいちがいち、いんにがに……」と覚えた記憶が誰しもあるだろう。しかし、1×1から9×9までを強制的に暗記させる国は、世界的に見ると決して多くない。

たとえば英語圏の多くの国では、12×12までの掛け算がまとめられた次頁のような**タイムズテーブル**（times table）と呼ばれる表を確認しながら掛け算を勉強する。times というのは「掛ける」という意味である。アメリカやオーストラリアなどでは、この表を何度も使っているうちに自然と覚えてもらえればそれでいい、というスタンスらしい。

【タイムズテーブル】

×	1	2	3	4	5	6	7	8	9	10	11	12
1	1	2	3	4	5	6	7	8	9	10	11	12
2	2	4	6	8	10	12	14	16	18	20	22	24
3	3	6	9	12	15	18	21	24	27	30	33	36
4	4	8	12	16	20	24	28	32	36	40	44	48
5	5	10	15	20	25	30	35	40	45	50	55	60
6	6	12	18	24	30	36	42	48	54	60	66	72
7	7	14	21	28	35	42	49	56	63	70	77	84
8	8	16	24	32	40	48	56	64	72	80	88	96
9	9	18	27	36	45	54	63	72	81	90	99	108
10	10	20	30	40	50	60	70	80	90	100	110	120
11	11	22	33	44	55	66	77	88	99	110	121	132
12	12	24	36	48	60	72	84	96	108	120	132	144

ちなみになぜ12×12までかと言うと、1フィート＝12インチだったり、1ダース＝12個だったり（既に廃止されてしまったが、かつてはイギリスのお金の単位は1シリング＝12ペンスだった）、生活の上で使われることの多い十二進法に対応するためである。

電卓を禁止する日本

多くの諸外国で「九九の暗記」を強制しないのは、中学に上がれば電卓を自由に使えるようになるという事情も関係しているかもしれない。

アムステルダムに本部を置く**国際**

教育到達度評価学会（IEA）が行った**国際学力調査「TIMSS 2015」**を見ると、各国の教員に**「算数・数学の授業で電卓を使わせるか」**と尋ねたアンケートの結果が載っている。小学校4年生の段階では、日本も含めてほとんどの国が自由には使わせていないのだが、中学2年生になると、電卓を自由に使わせる国が途端に増える。

10歳を過ぎて論理的思考力を育むべき時期にさしかかったら、計算のような単純作業よりも、あーでもない、こーでもないと考えることに時間と能力を割いてもらいたいという現れなのだろう。そんな中、日本では中学2年生になっても電卓を自由に使わせる教員はわずか6%にとどまっている。日本製の電卓は世界中の学校で使われているのに、日本国内の学校ではほとんど使われていないというのは皮肉な話である。

それでも「九九」を暗記させ、電卓の自由な使用を禁止している国の方が、数学の学力が高いと言えるなら、日本流の教育を貫く意味もあるだろう。しかし、残念なことにそうはなっていない。先の調査で、最も電卓を自由に使わせている国であるシンガポールや香港は、経済協力開発機構（OECD）によるOECD生徒の学習到達度調査（PISA）における「数学リテラシー」部門の上位常連国である。

また、教育における電卓利用の是非を考える学術研究でも、電卓や表計算ソフトのような計算ツールを活用することで、子どもの概念的な理解力が高まるという報告が多数寄せられている。

日本人が「しちはごじゅろく……」などと言いながら3桁×2桁などの掛け算を筆算する様子は、九九を暗記するという習慣のない欧米人にとっては「呪文かなにか唱えているのか?」と、とても不思議に映るらしい。

「九九」を使った言い回し

そもそも「九九」は中国で始まった。最初に考えた人物は不明だが、紀元前7世紀頃の斉(せい)という国の君主**桓公**(かんこう)(紀元前?年〜紀元前643)は、国中から九九を暗唱できる人材を集めたという記録がある。ちなみに、当時は今とは逆の順番で「九九八十一」から始めていたため、「九九」と呼ばれるようになったらしい。

日本には遅くとも奈良時代には九九が伝わっていたようだ。当時の遺跡から、九九を練習したと思われる木簡(もっかん)が見つかっている。奈良時代の末期に編まれた万葉集にも、「二二」を「し」、「十六」を「しし」、「二五」を「とお」などと読ませる九九の入った歌がある。

現代でも、**四六時中**（4×6＝24より、24時間中→1日中）や**十八番**（2×9＝18であることから、2×9なやつ→憎いやつ→売れっ子役者の芸）、**二八そば**（2×8＝16。昔はそば1杯が16文だった）など、九九は日本語に根深く入り込んでいる。

中国や日本、アジアのいくつかの国、そしてインドなどには九九を暗記させる文化が古くからある（インドでは19×19までを覚えさせるらしい）が、それ以外の国では、特に電卓のない時代、どうやって掛け算を行っていたのだろうか？ 常に「タイムズテーブル」を持ち歩くわけにもいかないだろう。

指折り掛け算を使いこなす

九九を暗記しなくても、「タイムズテーブル」を持ち歩かなくても、簡単な掛け算ができるようにと15世紀頃に考え出されたのが、いわゆる**指折り掛け算**である。

ただし、この「指折り」では、「パー」の状態から始めて、親指側から小指側に向けて1つずつ折り曲げていく。次頁の図は左手の場合であるが、右手の場合はこれと左右対称である。

【指折り掛け算の指の折り方】

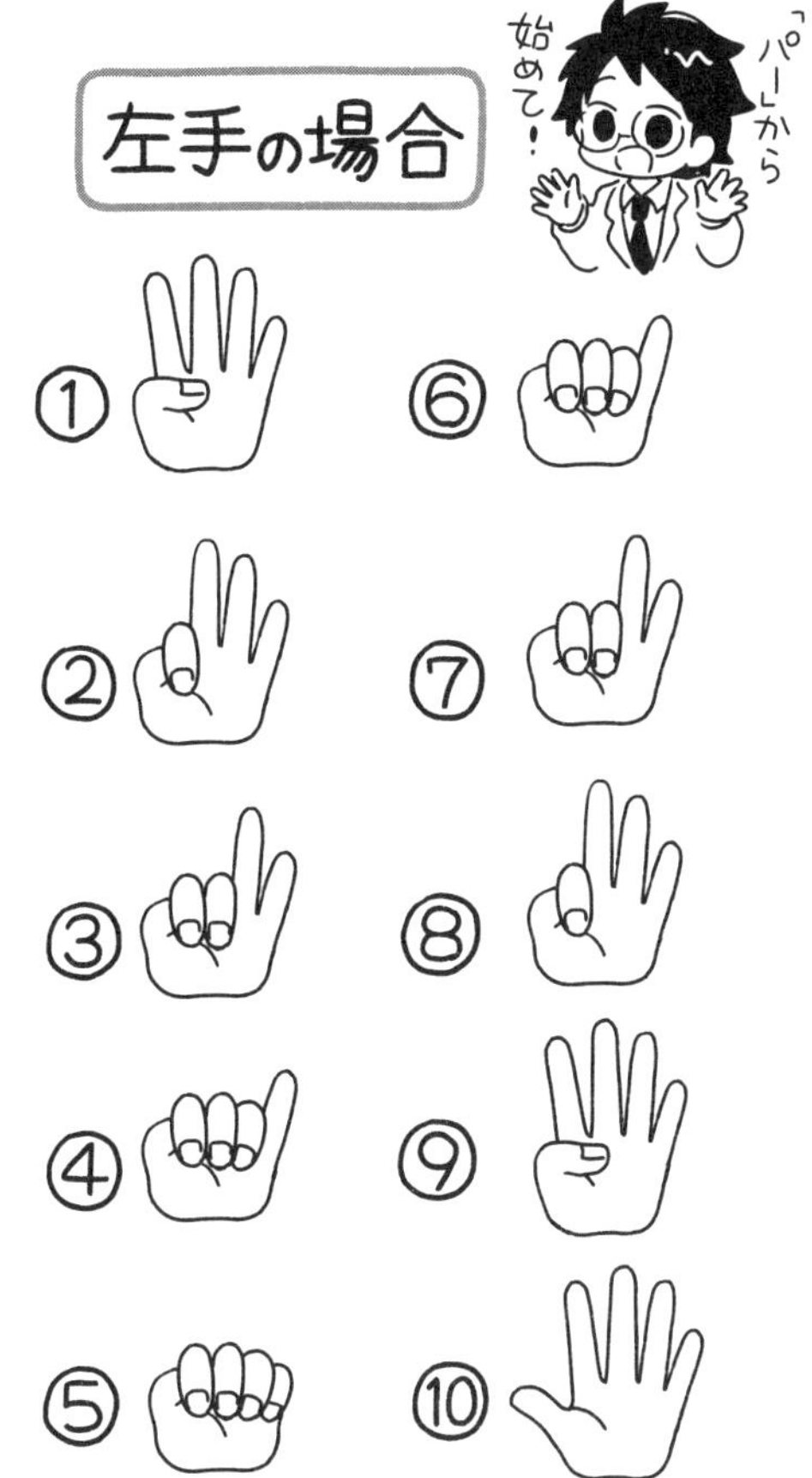

ここでは「8×6」を例に手順を説明しよう。

《手順1》一方の手で「8」を、もう一方の手で「6」を指折り数える。
《手順2》両方の折れている指の数（2と4）を足す（2＋4＝**6**）。
《手順3》「手順2」の値を10から引く（10－6＝**4**）。
《手順4》「手順3」の値を10倍する（4×10＝**40**）。
《手順5》折れている指どうしを掛ける（2×4＝**8**）。
《手順6》「手順4」と「手順5」の値を足す（40＋8＝**48**）。

最後に出てきた答え「48」が「8×6」の値である（次頁参照）。

こうして文字に書くと、ずいぶんまだるっこしく感じるかもしれないが、実際に指を折って何度かやってもらえれば、かなり早く答えを出せるようになると思う。

ちなみにこの方法は、**6以上の数どうしの掛け算でないと使えない**。九九を覚えていなかった昔の人は、「2×4」のような小さい数どうしの掛け算は2を4回足す、と理解して「2＋2＋2＋2＝8」と考えていたようである。しかし「8×6」を、8を6

【指折り掛け算の手順】

〈手順1〉

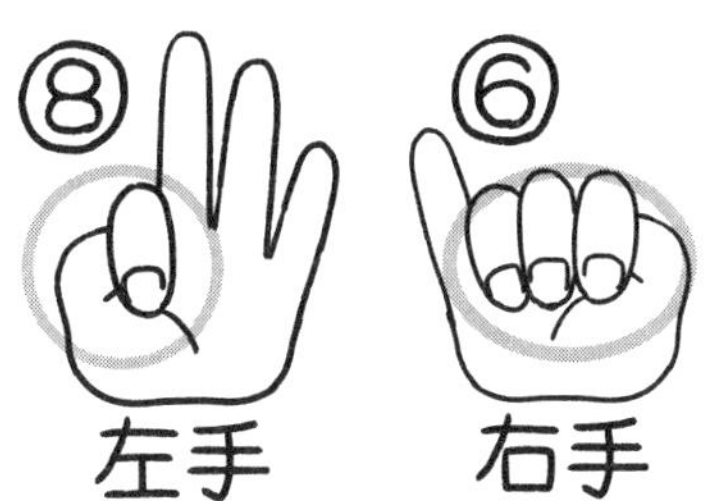

〈手順2〉折れている指の数を足す

$$2+4=6$$

〈手順3〉10から引く

$$10-6=4$$

〈手順4〉10倍する

$$4\times10=40$$

〈手順5〉折れている指の数を掛ける

$$2\times4=8$$

〈手順6〉手順4と手順5の値を足す

$$40+8=48$$

【指折り掛け算9の段】

〈手順1〉

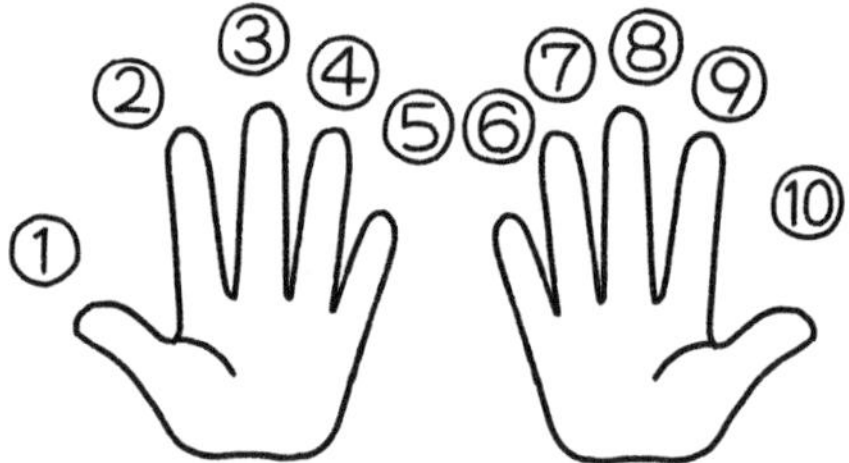

〈手順2〉「9×3」なら、「③」の指を折る

〈手順3〉折った指の左が十の位、右が一の位

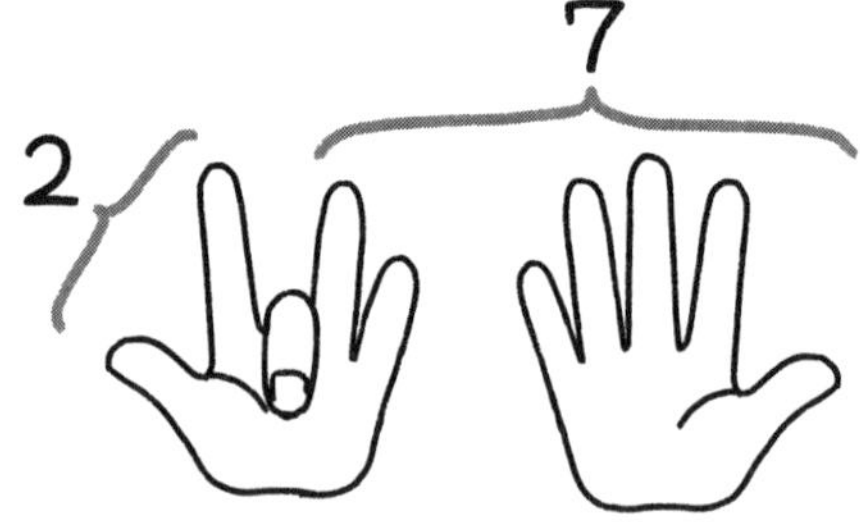

回足すという足し算で考えようとすると頭がこんがらがってくることから、こんな方法が編み出されたのだろう。

ちなみに、九九の「9の段」に限ってはもっと簡単に答えを出せる。「9×3」を例に手順を説明しよう。

《手順1》両方の手のひらを自分に向けて広げる。
《手順2》「9×3」なので、左から3番目の指（左手の中指）を折る。
《手順3》折った指の左側の指の数（2）が十の位、右側の指の数（7）が一の位。
よって、「9×3」は**「27」**。

「数学アレルギー」を減らすために

日々、中高生や社会人に数学を教えている者からすると、3桁×3桁の掛け算とか、4桁÷2桁の割り算などの計算を筆算させることの意味はあまり感じられない。生徒がそういう計算の登場する問題を解いているときは「電卓使っていいよ」と声をかけるようにしている。あるいは「考え方はそれでいいから先に行って」と言う。その筆算をする時間は、もう1題余計に解く時間に充ててもらいたいと思うからだ。

ただ、思考力を必要とする応用問題に強い生徒が、人並み以上の計算力を持っているのは事実である。計算はからっきし駄目だけれど、深い数学的洞察力は持ち合わせているという子にはまだ出会ったことがない。やはり少なくとも小学校のうちは、複雑な計算にも取り組んでもらって「あ〜面倒だな〜」と思う気持ちを持つことは大事なように思う。

その気持ちがあって初めて、なにか計算の工夫はできないか、どこかに計算が楽になるような特徴的な数は潜んでいないかと探すようになり、やがては数の個性に親しみ、数に強くなっていくのだ。

九九を暗記しても、タイムズテーブルを活用しても、それはどちらでもいい。

とにかく、少なくとも小学生の間くらいは、いろいろな数字を自分の手の中で扱うことで、数に親しむという体験はたくさん積んでおくべきだと考える。この「数に親しむ」という感覚がないと、中学以降の数学に出てくる「文字式」がひどくよそよそしく、自分とは無関係なものに見えてしまう気がする。

計算力が高ければ、必ず抽象的な思考を必要とする難問にも強くなるとは言い切れないので、そこは数学教育の難しい所であるが、計算を通して数に親しみを覚えていれば、数が抽象化された文字式に対しても、イメージを持ちやすいはずだ。そうなれば、少なくとも、「数式アレルギー」にはならずにすむのではないだろうか。

2桁の掛け算をすぐに暗算

掛け算を面積として捉える

あなたは、16×13を暗算ですばやく計算することができるだろうか？　インドでは小学生のうちに19×19までの計算を暗記させるようだが、日本では9×9までしか暗記しないのが普通なので、16×13をすぐに暗算できる人はそう多くないと思う。でも、**図を使って考えれば、19×19までの計算はすぐに暗算できる**ようになる。

まず「16×13」を**長方形の面積**と考えてほしい。そして長方形の中を次頁の図のように10×10の正方形と3つの長方形に分ける。次に左下の長方形を右上に移動する。

そうすると全体の面積は19×10＝190の長方形と、6×3＝18の長方形の和になることがわかるだろうか。グレーの長方形を移動しただけなので、全体の面積は移動前後で変

【掛け算を図で考える】

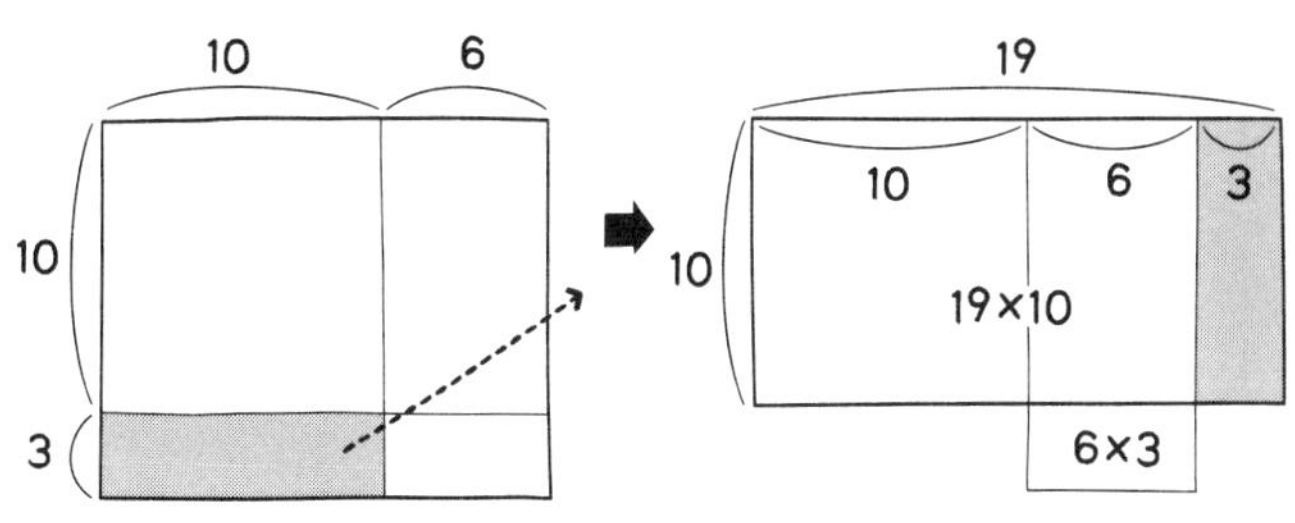

$$(10+a)\times(10+b)=(10+a+b)\times 10+ab$$

他の例）$12\times 14=(12+4)\times 10+2\times 4=168$

わらない。よって**16×13＝190＋18＝208**である。

　この計算は上の図のように式変形しているわけだが、図で考えるとイメージしやすいのではないだろうか？

　要は、19×19までの2桁どうしの掛け算は、

《手順1》

　一方の一の位を他方に足す。

《手順2》

　手順1の結果を10倍する。

《手順3》

　一の位どうしの積を加える。

【苦手な公式を「面積」で攻略する】

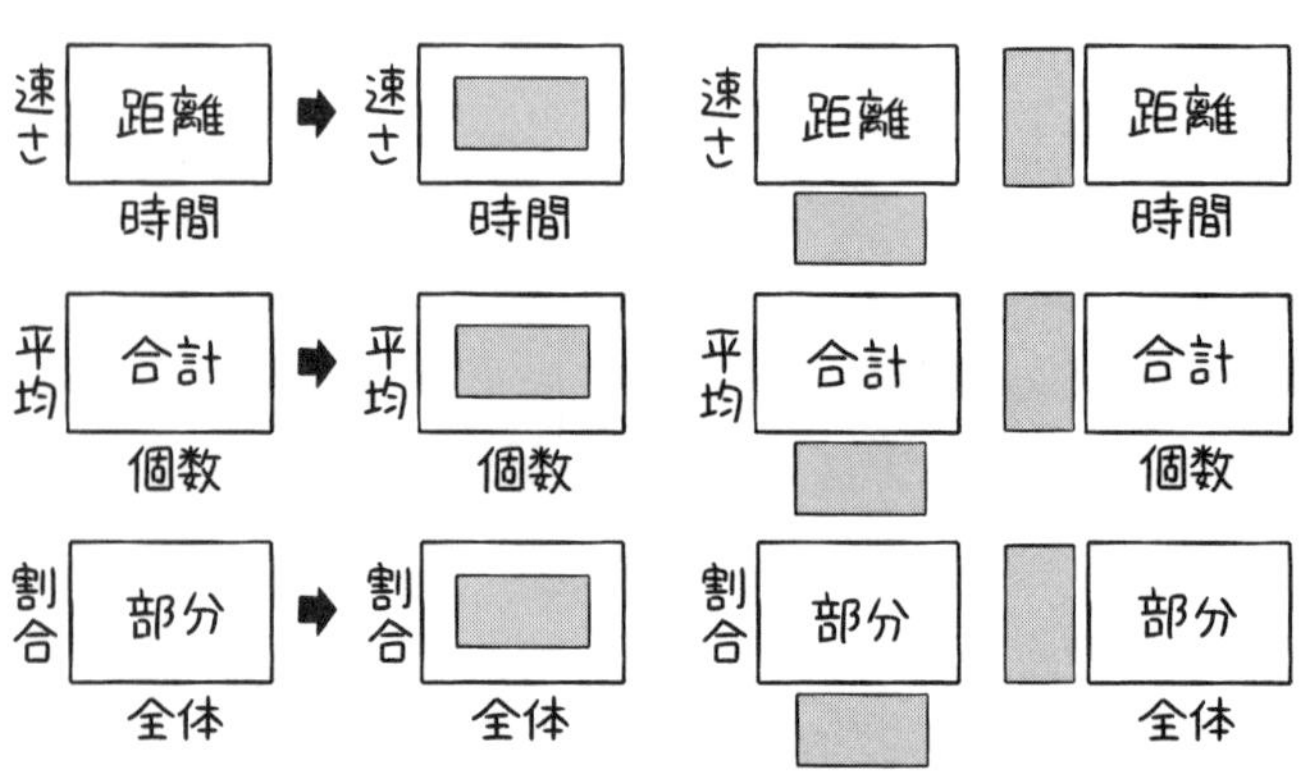

縦×横＝面積，面積÷縦＝横，面積÷横＝縦であることを活用する

という手順で楽に計算できる。少し練習すればすぐに暗算できるようになるので、ぜひ試してみてほしい。

掛け算を面積として捉えることは、さまざまな場面で有効である。

たとえば、苦手な人が多い「距離÷時間＝速さ」「合計÷個数＝平均」「部分÷全体＝割合」などの公式は**「距離＝速さ×時間」「合計＝個数×平均」「部分＝全体×割合」**と掛け算に変形した上で、面積を使って図解するとわかりやすくなる。

上の図のように、求めたいものを■にすると、他の2つをどう計算すればよいかが直観的にイメージできるはずだ。

もちろん、ただ公式を暗記するのではなく、どうしてそういう公式になるのかはきちんと理解しておきたいところだが、とっさに式変形をするのが得意でない人には役立つと思う。

鶴亀算の攻略法

「鶴と亀が合わせて10匹います。足の本数の合計は26本です。鶴と亀はそれぞれ何匹いるでしょうか？」といういわゆる「鶴亀算」の問題も、掛け算を面積として捉えることで図解できる。鶴の足の数は2本、亀の足の数は4本なので、問題文から

2×鶴＋4×亀＝26

であるが、この「2×鶴」や「4×亀」を長方形の面積として表すのだ。そうすると、次頁の図のように、2つの凸凹（でこぼこ）の長方形ができる。2つの長方形の面積を足すと26である。

【鶴亀算を図で考える】

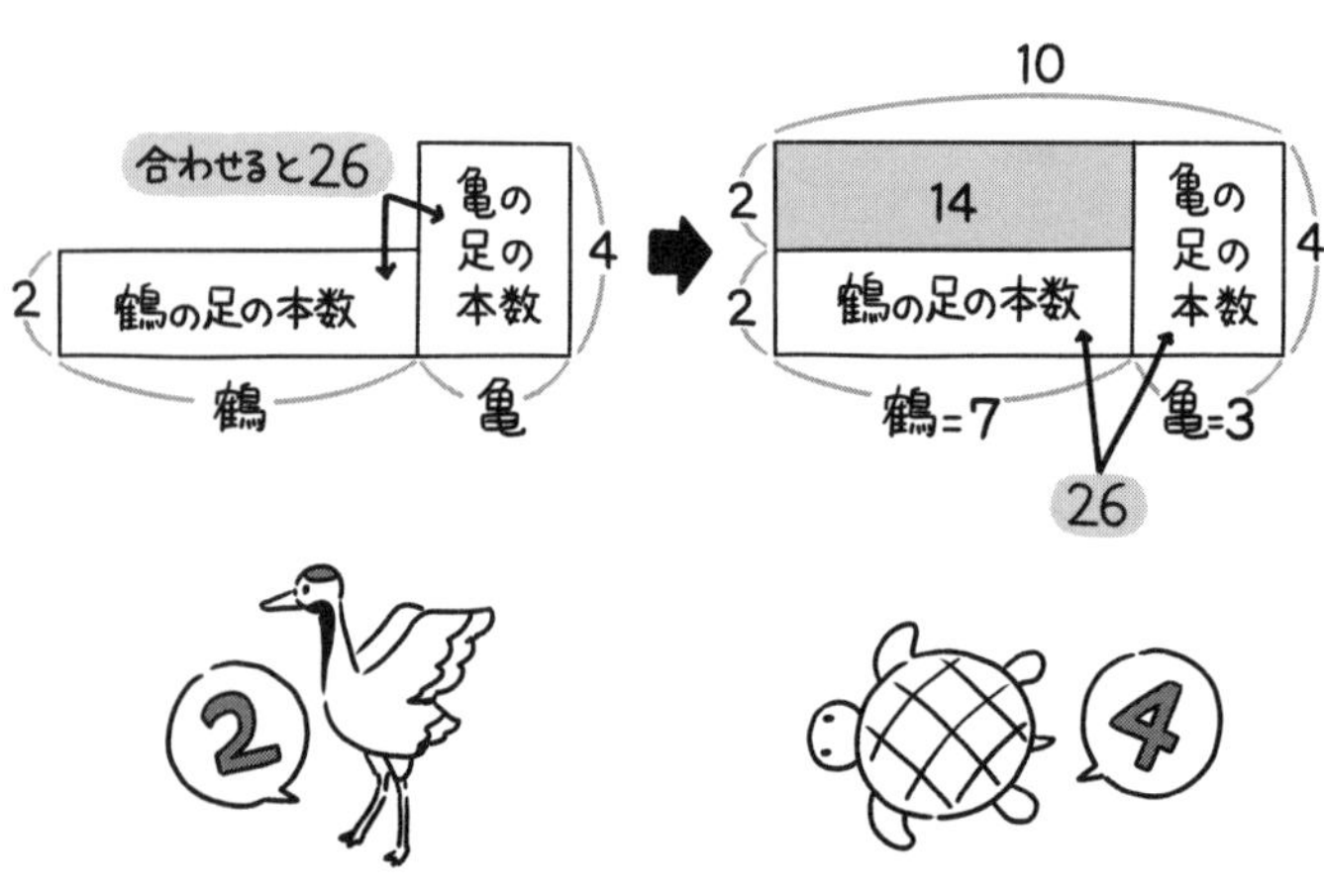

また２つの長方形の横の長さを足すと「鶴＋亀」になっているので、問題文から10であることがわかる。

ここでちょっと工夫しよう。凸凹（でこぼこ）になっている部分を埋めて、全体を綺麗な長方形に整えるのである。そうすると、縦が４、横が10の長方形ができる。

この綺麗な長方形の面積は40なので、全体を綺麗な長方形にするために補った長方形（図のグレーの長方形）の面積は40－26＝14である。これより、**鶴は７匹、亀は３匹**とわかるのだ。

もちろん、このようなことをしなくても「鶴亀算」は連立方程式の問題として解くことができる。

【2次方程式「$x^2+10x-75=0$」を図で考える】

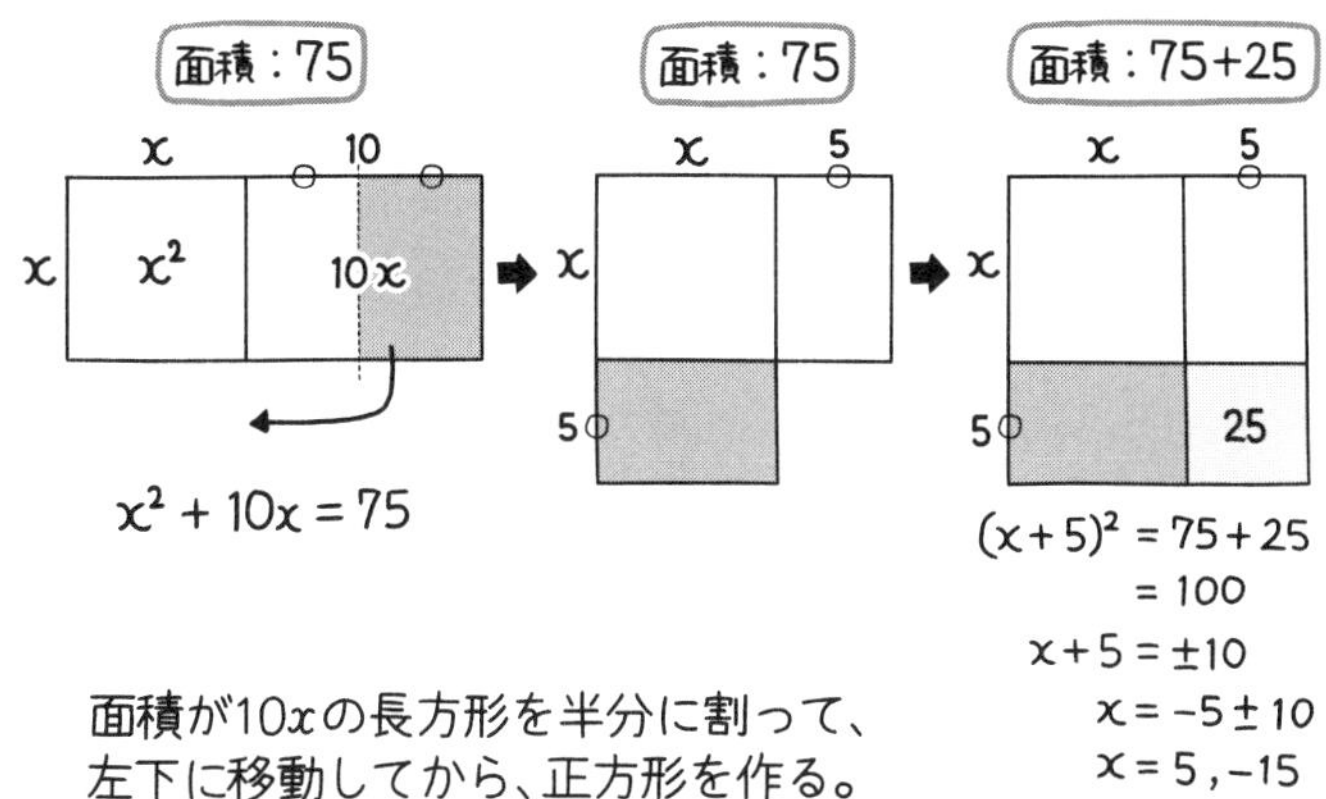

しかし、方程式の解法が確立される前は、このような図を使って解くことが一般的であった。

1次元から2次元へ

同じように2次方程式も図を使って解くことができる。

例として「$x^2+10x-75=0$」という2次方程式を考えてみよう。これを「$x^2+10x=75$」とした上で、「$x^2=x\times x$」と「$10x$」をそれぞれ正方形や長方形の面積と考えるところがポイントである。

上の図のように面積がx^2の正方形と

面積が$10x$の長方形を並べて書いて、**長方形を半分に切って**正方形の下に移動させる。次に、全体を綺麗な正方形にするために、面積が「5×5＝25」の正方形（図の薄いグレーの正方形）を補う。すると一辺の長さが「x＋5」の正方形ができあがり、その面積は「75＋25＝100」である。これらのことから、前頁の図のように計算すれば、xの値が得られる。

まったく同じようにして**2次方程式の解の公式**を導くこともできる。次頁にまとめたので、よかったら追いかけてみてほしい。

実は次頁の図は**平方完成**と呼ばれる式変形を、図解しているに過ぎない。平方完成は、高校数学に登場する式変形の中で特に厄介なものの1つであるが、こうすればイメージが膨らむのではないだろうか。

掛け算から面積を連想することは、1次元から2次元への拡がりにも繋がり、直観に訴えかけるとともに、豊かな発想をもたらしてくれると私は思う。

【2次方程式の解の公式を図で考える】

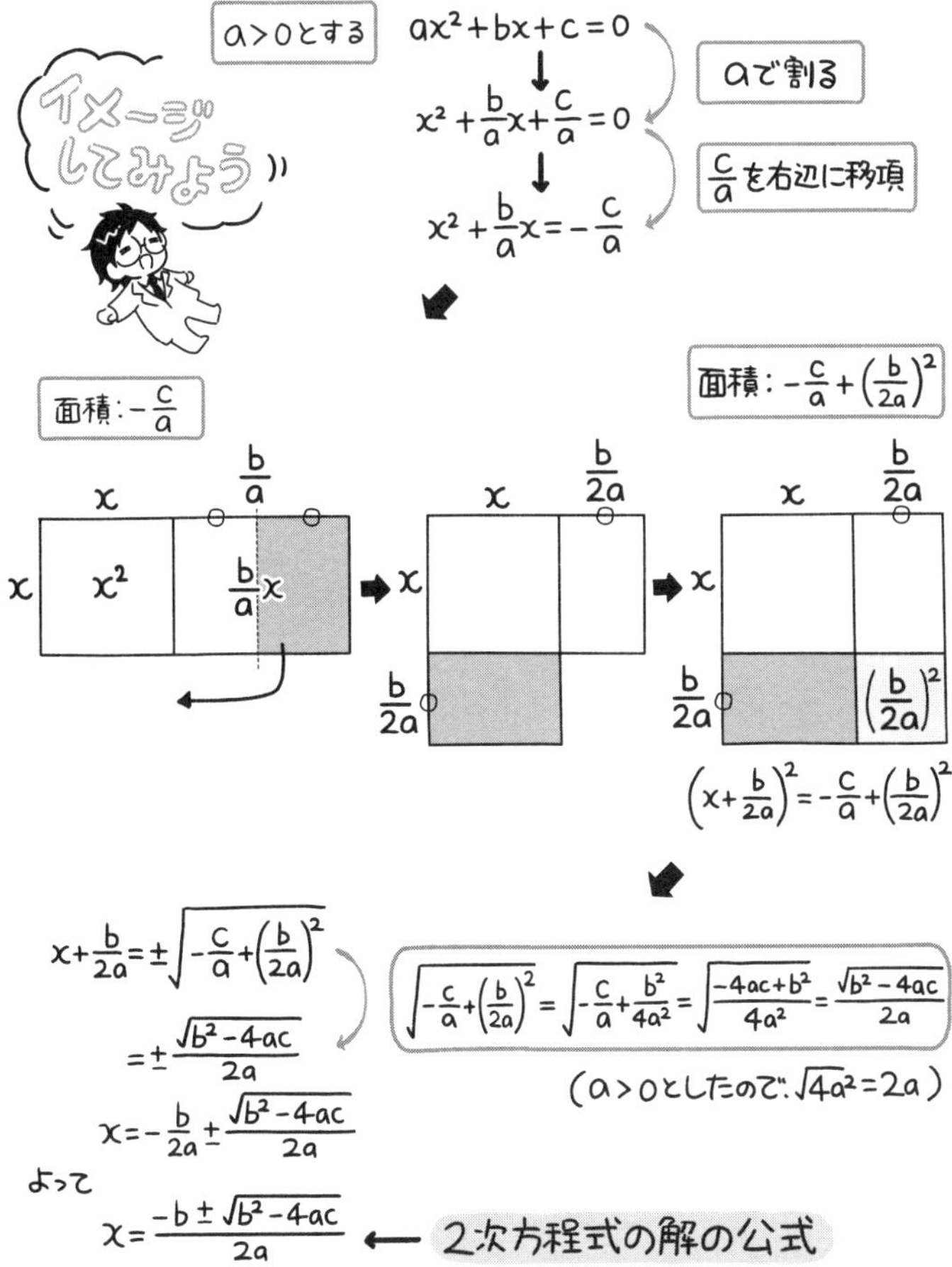

イメージしてみよう
a>0とする
$ax^2+bx+c=0$
aで割る
$x^2+\frac{b}{a}x+\frac{c}{a}=0$
$\frac{c}{a}$を右辺に移項
$x^2+\frac{b}{a}x=-\frac{c}{a}$
面積：$-\frac{c}{a}$
面積：$-\frac{c}{a}+\left(\frac{b}{2a}\right)^2$
x
$\frac{b}{a}$
x^2
$\frac{b}{a}x$
$\frac{b}{2a}$
$\left(\frac{b}{2a}\right)^2$
$\left(x+\frac{b}{2a}\right)^2=-\frac{c}{a}+\left(\frac{b}{2a}\right)^2$
$x+\frac{b}{2a}=\pm\sqrt{-\frac{c}{a}+\left(\frac{b}{2a}\right)^2}$
$=\pm\frac{\sqrt{b^2-4ac}}{2a}$
$x=-\frac{b}{2a}\pm\frac{\sqrt{b^2-4ac}}{2a}$
$\sqrt{-\frac{c}{a}+\left(\frac{b}{2a}\right)^2}=\sqrt{-\frac{c}{a}+\frac{b^2}{4a^2}}=\sqrt{\frac{-4ac+b^2}{4a^2}}=\frac{\sqrt{b^2-4ac}}{2a}$
（a>0としたので $\sqrt{4a^2}=2a$）
よって
$x=\frac{-b\pm\sqrt{b^2-4ac}}{2a}$
2次方程式の解の公式

「＋」「－」「×」「÷」はいつ生まれた？

意外と知らない計算記号の由来

普段、私たちが当たり前に使っている「＋」「－」「×」「÷」の計算記号、いったいいつ頃から使われているかご存知だろうか？　実はこれらの記号の歴史はそう古くない。「＋」と「－」は15世紀の終わり、「×」と「÷」が使われだしたのは17世紀に入ってからである。

今から500年ほど前、ヨーロッパはいわゆる大航海時代を迎え、船による商業活動が盛んになっていた。レーダーなどはないので、遠方まで安全に航行するためには天体を観測して航路を計算する必要がある。文字通り、天文学的な数字の計算が必要になった。計算の記号が生まれた背景には、長大な計算を少しでも楽にしたいという切実な思いがあっ

【「+」ができるまで】

たのだと思う。

「+」と「-」

「+」と「-」は、どちらも文字を速記しているうちにできたという説が有力である。「+」はラテン語のet(英語で言うand)からできたと言われている(上の図参照)。一方の「-」はマイナス(minus)の頭文字mを筆記体で略したのが始まりだとか。

他に、「+」と「-」の起源は船乗りたちが使った印だという説もある。船乗りたちは、船内に備えられた樽から水を使った時に横線(-)を引いていた。また、その後樽に水を注ぎ足したときには、横線の上に縦線を引いた形（＋）を印として使っていた。減ったときに使った「－」と、増えたときに使った「＋」がそれぞれ引き算と足し算の記号になったというのが船乗り起源説である。

「×」

「×」と「÷」に関しては、最初に使った人がわかっている。

「×」はイギリスの**ウィリアム・オートレッド**（1574〜1660）という数学者が1631年に著書の中で使ったのが最初である。ただし形の由来には諸説があり、キリスト教の十字架を斜めにしたという説と、スコットランドの国旗から形をとったという説とがある。余談だが、オートレッドは三角関数の「ｓｉｎ（サイン）」を最初に使った人物でもある。

掛け算を表す記号には「・」もある。実は、掛け算を表す「×」はヨーロッパ大陸ではあまり流行らなかった。当時、ドイツの**ゴットフリート・ライプニッツ**は、スイスのベルヌーイに送った手紙の中で**「私は掛け算の記号として『×』を好まない。容易**

に『𝑥（エックス）』と間違ってしまうからだ。私は単純に『・』を2つの量の間に入れて掛け算を表すことにする」と書いている。

当時はこうした意見が主流だったらしい。その後、タイプライターやパソコンが普及してからは、掛け算を表す「×」は使われなくなっていく。特に半角英数字では絶望的に『𝑥（エックス）』と紛らわしいからである。実際、現代のパソコンのキーボードにも掛け算を表す「×」のキーは無い。表計算ソフトのエクセルなどで掛け算を打ち込むときは「＊（アスタリスク）」を使う。

「÷」

「÷」は、1659年にスイスの**ヨハン・ハインリッヒ・ラーン**（1622〜1676）という数学者が著書の中で使ったのが最初である。分数表記を次頁の図のように抽象化したものが起源だと言われている。「÷」はその後イギリスのアイザック・ニュートンなどが好んで使ったことから、イギリスを中心に広まった。

割り算を表す記号には「／（スラッシュ）」や「：（コロン）」もある。「／」は「÷」より

【「÷」ができるまで】

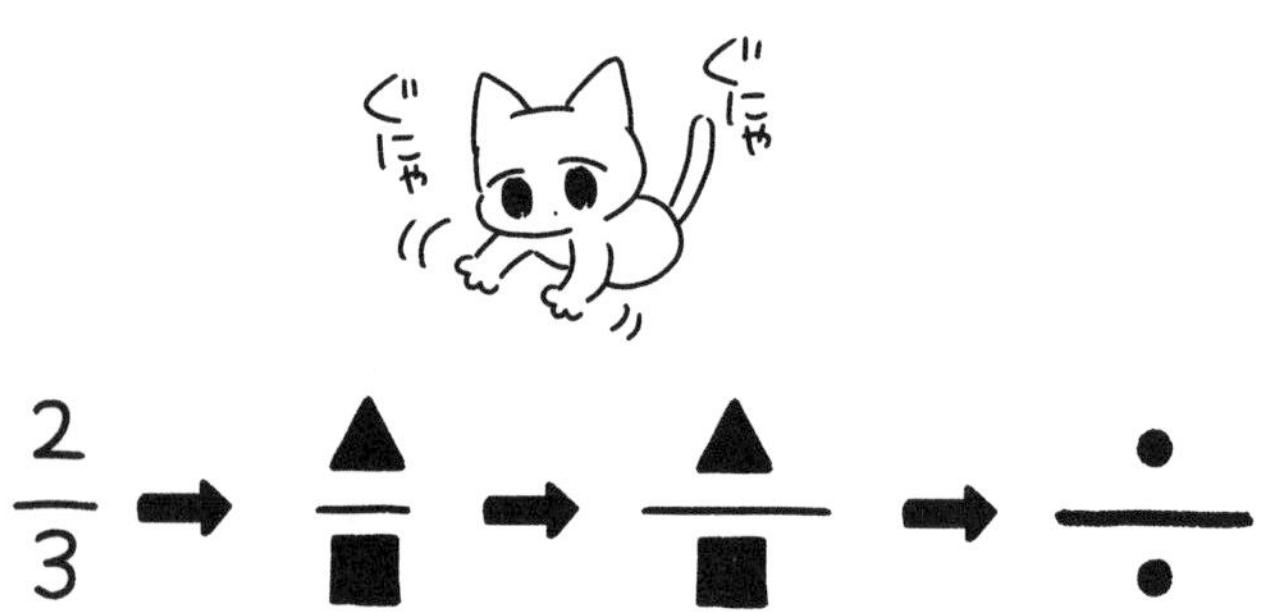

も古い歴史を持っていて、現在も世界中で使われている。

「：」は17世紀の終わり頃にライプニッツが割り算を表す記号として使ったのが最初と言われている。ドイツやフランスでは今も割り算を表す記号として「：」が使用されているが、他の国では比を表す記号として使われるのが普通である。

実は、「÷」が一般的に使われている国はそう多くない。イギリス、アメリカ、日本の他は韓国やタイなどの一部の国に限られる。その他の国では「／」が一般的だ。

2009年に国際標準化機構（ＩＳ

O）が発行した数学の記号に関する国際規格**「ISO 80000-2」**では、割り算は「／」か分数によって表すと定めた上で、**「割り算を表す記号として『÷』は使うべきではない」**とはっきり書かれている。もしかしたら世界中の教科書から「÷」が消える日は近いかもしれない。

万能の天才のこだわり

子どもの頃、最初に習った算数（数学）の記号はなんですか？と聞かれたら、「＋」と「＝」だと答える人は多いと思う。しかし、よく考えてみれば「1、2、3、……」という数字そのものも記号である。

イギリスの数理哲学者**バートランド・ラッセル**は**「（人類にとって）2月の2と2羽のキジの2が同じ2であることに気づくまでには、限りない年月が必要だった」**と書いている。2月の「2」も、2羽の「2」も、2メートルの「2」も、2万円の「2」も、ある種の単位のもとでそれが「2つ分」である本質については同じという意味で「2」と表す。これは個々の具体例から余計な情報をそぎ落とし、本質を抽出するという抽象化であるから、高度な知的活動であることは間違いない。

数学では新しい記号が導入されるたびに、こうした抽象化が行われる。**数学の歴史とは記号の歴史である**と言ってもいいと思う。ただ、一部の人から数式がひどく嫌われてしまうのは、数字も含めてそれが高度に抽象化された記号だけで書かれているからだろう。

なぜ、数学は新しい概念と共に新しい記号を求めるのだろうか？　それは、考察の対象をシンプルに表したいという側面もあるが、最も大きな理由は**間違わないため**である。

本書で何度も登場しているライプニッツは、特に記号へのこだわりが強かった。

現代でこそライプニッツは、「微積分の本質にたどりついた第一人者」の座をニュートンと争った人物として認識されることが多いのに、ニュートンほどの知名度も評価もないように思うが、当時のライプニッツは「万能の人」「知の巨人」などと称えられ、その名声はヨーロッパ中に響き渡っていた。

実際、彼は数学だけでなく、法律学、歴史学、文学、論理学、哲学……などの各分野に後世に名を残す業績を挙げている、驚くほど多才な人物だった。そのライプニッツが20歳の頃から死の直前まで心血を注ぎ続けた研究がある。それは**「理性のすべての真理が1種の計算に還元されるような一般的方法」**と、そのための**記号の発明**であった。

これが実現すれば、高度な考察を必要とする推論が「計算」のような単純作業になり、しかも誤った推論は原理的に起こり得ないようにできるはずだった。

残念ながらライプニッツは志半ばにして没してしまうが、彼の夢は約200年後、イギリスの**ジョージ・ブール**に引き継がれ、いわゆる**「記号論理学」**という学問に結実することになる（123頁参照）。

世界を「正しく」理解するために

そんなライプニッツが発明した微分積分の記号は実に秀逸である。合成関数の微分、逆関数の微分、置換積分（このあたりの用語に詳しくない方は、なんとなく難しそうと思っていただくだけで十分）といった数学的に決して簡単とは言えない概念を背景に持つ計算が（その内容を理解していなくても）、**記号を分数のように扱うことで機械的にできてしまう。**

一方のニュートンが編み出した記号は、シンプルではあるものの、この記号が計算を導いてくれることはほとんどない。電子計算機研究の始祖として知られるイギリスの数学者

【微積分の記号】

ライプニッツ流 $\dfrac{dy}{dx}$

➡ 合成関数の微分：$\dfrac{dy}{dx}=\dfrac{du}{dx}\dfrac{dy}{du}$ $\left(\dfrac{b}{a}=\dfrac{c}{a}\times\dfrac{b}{c}\text{みたい}\right)$

逆関数の微分：$\dfrac{dx}{dy}=1\div\dfrac{dy}{dx}$ $\left(\dfrac{b}{a}=1\div\dfrac{a}{b}\text{みたい}\right)$

ニュートン流 $\dot{x}$

運動方程式 $\underset{\text{加速度}}{m\ddot{x}}=F$ ➡ $\underset{\text{速度}}{\dot{x}}=v_0+\dfrac{F}{m}t$

ライプニッツの記号を使うと、「合成関数の微分」などのより高度な概念が必要な計算を、単なる分数の計算のように行うことができる。ニュートンの方は、シンプルだが拡がりがない。

チャールズ・バベッジ（1791〜1871）は、**「ニュートンの考案した記号は、イギリスの数学を100年遅らせた」**と語った。確かにニュートン以後の18世紀のイギリスの数学者の業績には見るべきものが少ない。

私たちが日常使っている言葉は、いろいろなシチュエーションで、さまざまなニュアンスを含んで使われる。同じ言葉がシーンによっては別の意味を持ったり、また「右」や「左」のようにそもそも定義することが難しかったりするものもある。

そういった言葉を使って議論を進め

ると、どうしても誤解が生じる。日常語を使っていると、正しく論理的思考を行う力を持つ理性ですらも、誤った方向に誘導されてしまう危険があるのだ。しかし、記号はある数学上の概念を表すためだけに新たに生み出されたものであるから、「多義性」や「ニュアンス」に惑わされることがない。

これは、記号の定義とそれを使うルールさえ理解していれば、間違わないことを意味する。数学が好んで記号を使う理由はここにある。

数学で使われる記号は、無機的で冷たいものに感じられるかもしれない。でも、どの記号も血の通った人間の努力と才能の結晶であると同時に、その記号によって世界を正しく理解・記述しようとした彼らの理想がつまっている。そう思って眺めてもらえば、数学の記号が、なにげなく使っている日常語とは違う輝きを持ったものに見えてはこないだろうか。

おわりに

本書を読み終えられた今、あなたの数学に関する印象に変化はあっただろうか？　本書で紹介したエピソードの中に「へ〜、こんな所にも数学は関係しているのかあ」という発見があったのであれば、筆者としては大変嬉しい。

数学の概念や理論・方法論は、主に16世紀以降、物理学、化学、生物学、天文学といった基礎科学はもちろん、工学、農学・医学、経済学といった実学にも応用され、さらには哲学や芸術までにも拡がった。そして、第四次産業革命（AI、IOT、インターネット、ナノテクノロジー、自動運転といった技術革新があらゆる場面の産業に引き起こしている技術変革）が進行中の現代では、数学の存在感は益々大きくなっている。

これからは、数学と無関係なものは何もない、と言えるところまで拡大していくのではないだろうか。そういう意味では**数学の「とてつもなさ」は、今もなお発**

展中なのである。

本書では、ピタゴラス、デカルト、フェルマー、ニュートン、ライプニッツ、オイラー、ガウス、カントール……などの天才数学者たちの功績を紹介し、彼らがもたらした方程式、関数、微分積分、集合、確率、統計……といった数学上のブレイクスルーの意味をお伝えした。また、負の数、虚数、無限、N進法といった概念や、円周率やネイピア数という不思議な定数とその影響力の大きさ等についても書いた。

数学の大きな魅力の1つである「美しさ」にも1章を割いたし、魔方陣や万能天秤といったパズル的な話題を通して、数そのものの不思議さが感じられる「計算」も紹介した。我ながらヴァラエティに富んでいると思う。**それだけ数学という学問は間口が広いのだ。**

私が数学に魅せられたきっかけは、物理を通して微分・積分の「とてつもなさ」を理解できたからだった。力学に関する数々の公式が、運動方程式というたった1つの数式を積分することによって得られることを知ったときの感動と驚きは、今もはっきりと思い出せる。

それは私にとって数学という世界の扉が開いたような心持ちになる出来事だった。その後は、**数学の持つ合理性と美しさはどこにでも発見することができたし、数学が教えてくれるものの考え方が人生を生きる上での指針になることも知った。**

1つの「とてつもなさ」をきっかけにして、こうした経験を積んだことこそ、私が数学の意味と意義をお伝えすることをライフワークにしていこうと決心した最大の理由である。

よく外国語が上達する一番の方法はその言語を話す恋人を作ることだと言うが、数学も同じだと思う。高校生の私がそうであったように、数学の「とてつもなさ」を知ることで数学の魅力に気づき、数学を好きになれれば、数学の力は飛躍的に伸びるはずだ。

数学は「勉強」と身構えなくても楽しむことができる。しかし、数学を学んでいろいろな数式が理解できるようになれば、数学の魅力はもっと味わえるようになる。

本書の企画を立案し、テーマの選定や原稿修正の指南をしてくれたのは、ダイヤモンド社の田畑博文さんである。田畑さんには、原稿を練る段階においても、読者目線から非常に有益なアドヴァイスを数々頂いた。もし読者が本書を「わかりやすい」と思って下さるのなら、その功績は田畑さんに負うところが大きい。この場をお借りして深く御礼申し上げたい。また、ことり野デス子さんのイラストには本当に助けていただいた。可愛く、わかりやすいことり野さんのイラストのおかげで、読者の頁をめくるスピードは間違いなく加速したことと思う。その他、本書を世に出すにあたりご尽力頂いたすべての方に重ねて感謝を申し上げる。

本書で紹介した数学の学問としての奥深さ、美しさを体現する芸術性、実学としての社会への影響力などを通して、数学の「とてつもなさ」が——どれかひとつでも——伝わっていますように。そして、あなたにとっての「数学の扉」が開くきっかけになりますように。

二〇二〇年四月

永野裕之

【参考文献】

・岡潔（著）『春宵十話』光文社
・『天才たちのつくった数学の世界』スコラマガジン
・マルサス（著）・永井義雄（訳）『人口論』中央公論新社
・大村平（著）『論理と集合のはなし』日科技連出版社
・バーバラ・ミント（著）・山﨑康司（訳）『考える技術・書く技術』ダイヤモンド社
・照屋華子・岡田恵子（著）『ロジカル・シンキング』東洋経済新報社
・竹内薫（著）『不完全性定理とはなにか』講談社
・スティーヴン・ウェッブ（著）・松浦俊輔（訳）『広い宇宙に地球人しか見当たらない50の理由』青土社
・ジュリアン・ハヴィル（著）・松浦俊輔（訳）『世界でもっとも奇妙な数学パズル』青土社
・畑村洋太郎（著）『直観でわかる数学』岩波書店
・藤原正彦・小川洋子（著）『世にも美しい数学入門』筑摩書房
・アン・ルーニー（著）・吉富節子（訳）『数学は歴史をどう変えてきたか』東京書籍
・上垣渉（著）『はじめて読む数学の歴史』角川学芸出版
・鳴海風（著）『美しき魔方陣　久留島義太見参！』小学館
・牟田淳（著）『デザインのための数学』オーム社
・外尾悦郎（著）『ガウディの伝言』光文社
・松下泰雄（著）『曲線の秘密　自然に潜む数学の真理』講談社
・黒木哲徳（著）『なっとくする数学記号』講談社
・岡部恒治他（著）『身近な数学の記号たち』オーム社
・アミール・D・アクゼル（著）・青木薫（訳）『「無限」に魅入られた天才数学者たち』早川書房
・イアン・スチュアート（著）・水谷淳（訳）『数学の真理をつかんだ25人の天才たち』ダイヤモンド社
・ジョニー・ボール（著）・水谷淳（訳）『数学の歴史物語』SBクリエイティブ
・Newton別冊『数学の世界 図形編』ニュートンプレス
・Newton別冊『数学の世界 現代編』ニュートンプレス
・Newton別冊『数学の世界 数の神秘編』ニュートンプレス
・永野裕之（著）『オーケストラの指揮者をめざす女子高生に「論理力」がもたらした奇跡』実務教育出版
・永野裕之（著）『ふたたびの微分・積分』すばる舎
・永野裕之（著）『ふたたびの確率・統計［1］確率編』すばる舎
・永野裕之（著）『ふたたびの確率・統計［2］統計編』すばる舎

【著者略歴】

永野裕之

ながの・ひろゆき

永野数学塾塾長。
1974年東京生まれ。
父は元東京大学教養学部教授の永野三郎(知能情報学)。
東京大学理学部地球惑星物理学科卒。
同大学院宇宙科学研究所(現JAXA)中退後、ウィーン国立音大へ留学。
副指揮を務めた二期会公演モーツァルト「コジ・ファン・トゥッテ」
(演出:宮本亞門、指揮:パスカル・ヴェロ)が文化庁芸術祭大賞を受賞。
主な著書に『大人のための数学勉強法』(ダイヤモンド社)、
『東大→JAXA→人気数学塾塾長が書いた数に強くなる本』(PHP研究所)など。
これまでに1000人以上の生徒を数学指導してきた実績を持ち、
永野数学塾は、常に予約キャンセル待ちの人気となっている。
NHK(Eテレ)「テストの花道」出演。
朝日中高生新聞で『マスマスわかる数楽塾』連載(2016ー2018年)。
朝日小学生新聞で『マスマス好きになる算数』連載(2019ー2020年)。

とてつもない数学

2020年6月3日　第1刷発行
2024年2月16日　第5刷発行

著　者――――永野裕之
発行所――――ダイヤモンド社
〒150-8409　東京都渋谷区神宮前6-12-17
https://www.diamond.co.jp/
電話／03･5778･7233（編集）　03･5778･7240（販売）
ブックデザイン―杉山健太郎
装画・本文イラスト―ことり野デス子
DTP・図版―――宇田川由美子
校正―――――――神保幸恵
製作進行――――ダイヤモンド・グラフィック社
印刷・製本―――三松堂
編集担当――――田畑博文

ISBN 978-4-478-10882-6